燃气工程系列便携手册

燃气设施运维便携手册

主　编：韩金丽
副主编：井　帅

中国建筑工业出版社

图书在版编目（CIP）数据

燃气设施运维便携手册/韩金丽主编；井帅副主编.
北京：中国建筑工业出版社，2024.11. — （燃气工程
系列便携手册）. — ISBN 978-7-112-30527-8

Ⅰ. TU996.8-62

中国国家版本馆 CIP 数据核字第 2024HZ5020 号

责任编辑：胡明安
责任校对：赵　力

燃气工程系列便携手册

燃气设施运维便携手册
主　编：韩金丽
副主编：井　帅

*

中国建筑工业出版社出版、发行（北京海淀三里河路9号）
各地新华书店、建筑书店经销
北京龙达新润科技有限公司制版
北京同文印刷有限责任公司印刷

*

开本：850 毫米×1168 毫米　1/32　印张：4⅝　字数：131 千字
2024 年 12 月第一版　　2024 年 12 月第一次印刷
定价：**25.00** 元
ISBN 978-7-112-30527-8
（43826）

本书共7章，分别是：概述；城镇燃气管道；门站、调压站（箱）；液化天然气、压缩天然气和液化石油气厂站；用户设施；计量仪表；燃气事故案例分析等内容。本书系统地梳理了燃气管道、各类厂站、调压站（箱）、用户设施及计量仪表等各类燃气设施运行维护的人员要求、工具设备准备、操作程序及要求、故障排除等内容，并结合实际案例进行剖析，总结了燃气设施运行维护标准化的工作内容及要求。

本书可供城市燃气公司的技术人员、管理人员使用，还可以供高等院校和职业院校相关专业师生使用。

前言

随着城市化进程的加快，城镇燃气管网更加复杂，燃气用户分布广泛、数量不断增加。城镇燃气具有易燃、易爆和有毒的特性，一旦燃气设施发生超压、泄漏等事故，极易引发火灾、爆炸，造成人民生命财产损失。因此城镇燃气企业必须具备高效、稳定的运行维护能力，以确保燃气的安全供应和用户的正常使用，有效地消除隐患，杜绝事故的发生。当前城镇燃气企业还面临"碳达峰""碳中和"目标和数字化转型的双重挑战，需要不断创新和优化燃气设施的运行维护方式，积极应对环境和市场需求的变化。

本书是基于以上背景编写的关于城镇燃气企业从业人员进行燃气设施运行维护操作的指导性手册。编写人员结合城镇燃气的特点，围绕理论与实践相结合的工作思路，依据现行国家标准《燃气工程项目规范》GB 55009、《城镇燃气设计规范（2020 年版）》GB 50028 和现行行业标准《城镇燃气设施运行、维护和抢修安全技术规程》CJJ 51、《城镇燃气管网泄漏检测技术规程》CJJ/T 215 等国家现行标准规范的要求，系统梳理了燃气管道、各类厂站、调压站（箱）、用户设施及计量仪表等各类燃气设施运行维护的人员要求、工具设备准备、操作程序及要求、故障排除等内容，结合实际案例进行剖析，总结出了燃气设施运行维护标准化的工作内容及要求。标准化的运行维护操作，有助于实现提升工作效率、延长设备使用寿命、保障燃气设施安全。

本书由韩金丽主编，井帅副主编。全书包括 7 章，由韩金丽、井帅总体策划、统筹安排、大纲编写、组织协调和定稿工作。其中

第1章由北京市燃气集团有限责任公司韩金丽、北京北燃实业集团有限公司井帅撰写；第2章由北京市燃气集团研究院李美竹、佛燃能源集团股份有限公司熊少强、章海生撰写；第3章由北京市燃气集团研究院于燕平、深圳市燃气集团股份有限公司徐彬、中国市政工程华北设计研究总院有限公司高文学撰写；第4章由北京市煤气热力工程设计院有限公司向素平、陈贝、北京市液化石油气公司郭增增、寇伟强撰写；第5章由北京市煤气热力工程设计院有限公司秦业美、王夏、浙江班尼戈智慧管网股份有限公司魏东方、余张法撰写；第6章由北京市公用事业科学研究所有限公司张涛、北京市煤气热力工程设计院有限公司王斌撰写；第7章由北京市燃气集团研究院于燕平、深圳市燃气集团股份有限公司蔡育撰写。在本书成稿过程中，业界众多专家提出了很多宝贵意见，在此表示深深感谢。

本书是编写人员从事燃气设施运行维护管理工作经验的总结和提升，希望通过本书与各位专业人士分享我们的方法和理念，给予从业者们实操性强的辅助指导。书中疏漏和错误之处，敬请广大读者批评指正。

最后，谨向所有帮助、支持和鼓励完成本书的家人和朋友致以深深的敬意和感谢。

编者

目录

第1章

概　述

　　燃气具有易燃易爆的特点，需要对其生产、储运、配送和使用进行严格的安全管理，减少危害人民生命和财产的事故，稳定供气、让用户用好燃气是城镇燃气企业的核心任务。燃气运行维护管理是燃气企业管理的主要组成部分，贯穿从门站、储配站、调压站、输配管网到用户的供气全范围、全过程，确保城镇燃气输配系统处于安全、稳定的状态，在最大限度地提高管网输送效率、降低运行成本、延长设备设施使用寿命的同时，为用户提供高质量、安全的供气服务。

　　城镇燃气运营企业是向居民、商业、工业企业等用户提供输送天然气的实体。通常从一条或多条天然气传输管道接收天然气，并通过天然气主管道和分支管道将天然气输送给客户。企业在整体组织管理下，开展生产运行巡视、巡查、巡检和监督检查，划分各项业务，确定工作目标和标准，及时跟踪、反馈内外部各种变化，进行有效综合处理；通过检测、监测、维修、检查、监督等手段准确、及时收集和反馈各种生产运行数据和信息，采取适当的措施和行动，持续动态优化调整全系统的状态，保证安全高效、稳定供气、优质服务三大目标的实现。

　　燃气企业开展管道和基础设施运行、维护、修复的主要驱动因素是安全和可靠性。随着国家"双碳"目标的确定，人们开始关注天然气全系统泄漏到大气中的天然气对环境的影响。天然气的主要成分是甲烷（通常超过 90％的体积），这是一种强大的温室气体（GHG），据测算，自工业革命以来，甲烷对全球气温上升的贡献率约为 30％。甲烷的寿命比二氧化碳短得多，在大气中只能持续 12 年，但造成全球变暖的能力是二氧化碳的 80 倍左右。按照国际能源署（IEA）报告，2022 年中国油气行业甲烷排放量 335.86t，占比 13.24％。美国的天然气分销系统占美国天然气基础设施甲烷排放量的 6％。据估计，这些排放量中约有 50％来自天然气主管道和服务设施，主要是铸铁管道和无阴极保护的钢制管道。燃气企业、监管机构和其他相关部门正在寻求将甲烷减排纳入公用事业项目的方法。因此，燃气企业开展运行、维护、修复的驱动因素还要加上环保和可持续性。

1.1　城镇燃气的种类及特点

根据《城镇燃气设计规范（2020 年版）》GB 50028—2006 中的术语定义，城镇燃气是指从城市、乡镇或居民点中的地区性气源点，通过输配系统供给居民生活、商业、工业企业生产、采暖通风和空调等各类用户公用性质的，且符合本规范燃气质量要求的可燃气体。城镇燃气一般包括天然气、液化石油气和人工煤气。

1.1.1　天然气

天然气分为常规天然气和非常规天然气，常规天然气分为：气田气、凝析气田气、石油伴生气。非常规天然气（Unconventional Gas）是指由于各种原因在特定时期内无法用常规技术开采、还不能进行盈利性开采的天然气。非常规天然气的成因、成藏机理与常规天然气不同，其开发难度较大，需要一些特殊的技术才能开采出来。这类天然气在一定阶段、经过处理可以转换为常规天然气。与常规天然气相比，包括页岩气等在内的非常规天然气资源储量更高，勘探开发潜力无限。在现阶段，非常规天气主要包括煤层气、页岩气、水溶气、天然气水合物、无机气、浅层生物气及致密砂岩气等形式储存的天然气。非常规天然气资源具有低碳、洁净、绿色、低污染的特性，是我国新能源发展的重要方向。

另外，天然气除了常规的气态形式存在于管道当中外，还可以经过加工，变成液化天然气（LNG）和压缩天然气（CNG）。

1. 气田气

由气井采出的可燃气体称为纯天然气或气田气。它的主要成分是甲烷（CH_4），约占 90％以上，此外还含有少量的乙烷（C_2H_6）、丙烷（C_3H_8）、硫化氢（H_2S）、一氧化碳（CO）、二氧化碳（CO_2）等，高位发热量❶约为 $38MJ/Nm^3$。

2. 凝析气田气

凝析气田气是指在气田开采过程中与石油轻质馏分一起开采出来的天然气。其主要成分除含有大量的甲烷（CH_4）外，还含有 2％～5％的 C5 及 C5 以上碳氢化合物，高位发热量约 $46MJ/Nm^3$。

3. 石油伴生气

石油伴生气是指在开采过程中与液体石油一起开采出来的天然气，是采油时的副产品。它的主要成分也是甲烷，约占 70％～80％，还含有一些其他烷烃类以及 CO_2、H_2、N_2 等。高位热量约为 $42MJ/Nm^3$。

4. 煤层气

煤层气主要存在于煤层中，采用抽采技术从井下煤层中抽出，是采煤的副产品。以吸附状态为主，其主要成分是 CH_4 和 N_2，此外还含有 O_2 和 CO 等。值得注意的是，煤层气只有当 CH_4 含量在 40％以上才能作为燃气供应，CH_4 体积组分在 40％～50％时，高位发热量约为 $17MJ/Nm^3$。

---

❶ 高位发热量计算的参比条件为：燃烧参比温度为 20℃，计量参比温度为 20℃，参比压力为 101325Pa，以下均为同样条件。

5. 页岩气

页岩气赋存于富有机质泥页岩及其夹层中，以吸附或游离状态存在，采用多段压裂等技术开采。页岩气的发热值在不同的页岩气田，甚至同一页岩气田内不同位置时，其成分和性质都可能存在差异，需要考虑有机质含量、氢元素含量、氧元素含量、硫元素含量和氮元素含量等多种因素。这些因素的不同组合会导致页岩气的热值有所变化。在实际应用中，通常会通过实验室分析或现场测试来确定页岩气的具体热值。

其他类型的非常规天然气还包括水溶气、天然气水合物、无机气、浅层生物气及致密砂岩气等，这些类型的非常规天然气也各具特点，但总体上开发难度较大。

6. 液化天然气（LNG）

当天然气在大气压下，冷却至约−162℃时，天然气由气态转变成液态，称为液化天然气（Liquefied Natural Gas，缩写为 LNG）。LNG 无色，无味，无毒且无腐蚀性，天然气液化是一个低温过程，在温度不高于临界温度（−82℃），对气体进行加压 0.1MPa 以上，液化后其体积约为同量气态天然气体积的 1/600。

7. 压缩天然气（CNG）

压缩天然气（Compressed Natural Gas，缩写为 CNG）是天然气在常温状态下加压到 20～25MPa，再经过高压深度脱水并以气态储存在容器中。它与管道天然气的组分相同。CNG 常作为车辆燃料。

1.1.2 人工煤气

人工煤气是由煤、焦炭等固体燃料或重油等液体燃料经干馏、气化或裂解等过程所制得的气体。根据生产方法的不同，人工煤气可以分为干馏煤气和气化煤气（发生炉煤气、水煤气、半水煤气等）。其主要成分包括烷烃、烯烃、芳烃、CO 和 H_2 等可燃气体，并含有少量的 CO_2 和 N_2 等不可燃气体。人工煤气的高位发热量通常在 16～24MJ/Nm³ 之间。

1.1.3 液化石油气

液化石油气是一种由天然气或者石油进行加压、降温、液化之后得到的液体，主要成分是碳氢化合物，具体来说，液化石油气的主要成分是丙烷（C_3H_8）、丙烯（C_3H_6）、丁烷（C_4H_{10}）和丁烯（C_4H_8）。液化石油气的高位发热量在 $93\sim108.4MJ/Nm^3$ 之间。

1.2 城镇天然气输配系统

1.2.1 系统组成

城镇天然气输配系统是指自门站至用户的全部设施构成的系统，包括门站或气源厂压缩机站、储气设施、调压装置、输配管道、计量装置、管理设施、监控系统等。城镇天然气输配系统的主要功能是接收燃气，经过储存、调压、计量等处理后，通过输配管道分配给用户。

在燃气输配系统中，也包括监控及数据采集系统的主站机房，设置可靠性较高的间断电源设备及其备用设备，以确保系统的稳定运行。

城镇天然气输配系统压力级制的选择，以及门站、储配站、调压站、燃气干管的布置，应根据天然气供应来源、用户的用气量及其分布、地形地貌、管材设备供应条件、施工和运行等因素，经过多方案比较，择优选取技术经济合理、安全可靠的方案。

在布置城镇天然气干管时，应根据用户用量及其分布，全面规划，并宜按逐步形成环状管网供气进行设计。图1-1为管道天然气输配系统示例图，门站后高压输气管道一般呈环状或枝状分布在市区外围。

门站是指接受气源来气并进行净化、加臭、储存、控制供气压力、气量分配、计量和气质检测的厂站，天然气通过门站送入城市输配管网或直接送入用户，根据气量情况和长输管线特点，门站内一般还设有清管球接收装置。

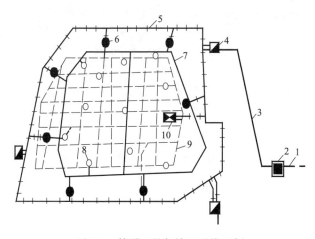

图 1-1　管道天然气输配系统示例

1—长输管线；2—门站；3—高压管道；4—储气站；5—高压管网；6—高-中压调压站；7—中压管网；8—中-低压调压站；9—低压管网；10—机动气源

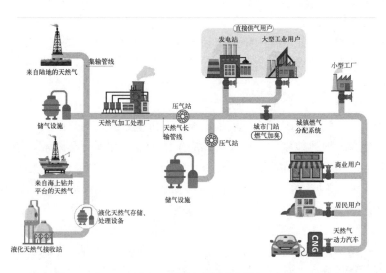

图 1-2　供气系统示意图

供气系统示意图如图 1-2 所示，主要包括生产、运输、分配三大环节，功能是从气源地、燃气生产地、气瓶组等机动气源将燃气输送到用户处，同时进行加臭、质量检查和调节，以保证用户得到符合质量标准的燃气。

在部分城市燃气供应中设有储配站，用来调节供气量和需用量之间的平衡。燃气储配站一般由储气罐、压缩机室及辅助设施构成，它的调节能力和范围取决于燃气的供应和储存方式。

调压装置是将较高燃气压力降至所需的较低压力的调压单元总称，具有用气压力调节的功能，包括调压器及其附属设备，可以将调压装置放置于专用的调压建筑物或构筑物中，或将调压装置放置于专用箱体，设于用气建筑物附近。

计量仪表是对城镇燃气的用量进行计量，可以计量不同用途、不同情况下的燃气用量，给燃气供应方和使用方提供准确的燃气计量数据。计量仪表主要分为体积计量、质量计量和能量计量三种方式，根据用途还可分为贸易计量和过程计量。

1.2.2 燃气管道分类

1. 根据用途分类

地下燃气管道按用途不同可以分为输气管道、配气管道和用户引入管三类。输气管道是指城镇燃气门站至城镇配气管道之间的管道。配气管道是指在供气地区将燃气分配给居民用户、商业用户和工业企业用户的管道，配气管道包括街区的和庭院的分配管道。用户引入管是指室外配气支管与用户室内燃气进口管总阀门之间的管道。

2. 根据敷设方式分类

地下燃气管道敷设方式包括直埋敷设、管沟敷设、非开挖敷设和管廊敷设，其中以直埋敷设方式为主。

地下燃气管道一般采用确定线路、开挖管沟、下管、回填、路面恢复的直埋敷设方式。

在局部埋深不够或一些特殊地段，为了检修方便等，有时会采用管沟敷设的方式，一般是不通行管沟断面，沟内填干砂，沟盖板根据路面荷载核算确定，沟两端会分别设置检漏和检水的装置，方便检测管沟内燃气泄漏和沟内积水的情况。

当燃气管道需要穿越铁路、高速公路、电车轨道、城镇主要干道时，一般采用非开挖敷设方式，包括顶管（钢筋混凝土套管或钢套管）、浅埋暗挖和定向钻。

当燃气管道需要穿越河流时，一般采用随桥跨越、水域下开挖和定向钻穿越三种敷设方式。

在一些特殊项目和特殊地段，地下燃气管道也有管廊敷设方式。燃气管道敷设于独立舱室内，独立舱室断面为通行断面，采用机械通风，且设置有可燃气体探测报警系统。燃气属于易燃易爆介质，应避免在密闭空间内敷设。

3. 按照压力级制分类

城镇供气系统由不同压力的管道和连接这些管道之间的调压设施、储气设施，以及配套的管理设施和监控系统等构成。每个城镇供气系统根据所采用的管网压力级制的不同，可分为以下几种形式：

一级系统：仅用一种压力级制的管网来分配和供给燃气的系统，通常为低压或中压管道系统。一般适用于规模较小的城镇供气系统。

二级系统：由两种压力级制的管网来分配和供给燃气的系统，一般有中压 A-低压或中压 B-低压等。

三级系统：由三种压力级制的管网来分配和供给燃气的系统，一般有高压-中压-低压或次高压-中压-低压等。

多级系统：由三种以上压力级制的管网来分配和供给燃气的系统。

不同压力级制的管网之间通过调压设施连接。一般来说，城市规模越大，供气系统越复杂，城市规模越小，供气系统越相对简单。

1.3 用户燃气设施

城镇燃气的用户包括居民用户和非居民用户，非居民用户包括商业、工业、供暖、制冷用户等。目前我国居民用气主要用于家庭炊事、热水、烘干以及单户供暖，商业用气主要用于公共建筑或其他非家庭用户的炊事、热水、烘干及供暖，工业用户是指以燃气为燃料从事产品制造生产的用户。供暖、制冷用户是指以燃气为燃料进行供暖、制冷的用户。

用户燃气设施主要包括户内燃气管道、阀门、紧急切断阀、燃气表、燃具连接软管以及用气设备（如双眼灶）等，如图1-3所

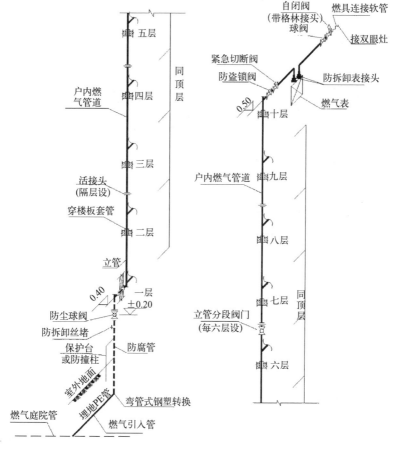

图1-3 用户燃气设施

示。其中，燃气表主要有膜式燃气表、腰轮流量计、涡轮流量计、超声流量计、旋进旋涡流量计等类型。户内阀门多为小型球阀，包括表前阀、灶前阀等。部分高层住宅用户内天然气立管上会设置分段阀门，还有自闭阀和报警器等安全设备。自闭阀安装于燃具连接用软管和灶前阀之间，在燃气管道出现欠压、超压、失压情况时自动关闭。在停气、供气异常、软管脱落等情况发生时，阀门也会自动关闭，防止燃气泄漏。可燃气体报警器是气体泄漏检测报警仪器，当燃气在空气中的浓度超过设定值时，报警器就会被触发报警，发出声光报警信号，提醒用户采取相应的紧急措施。

1.4 运行维护

燃气运行维护直接关系公共安全、环境保护、能源利用效率以及居民生活质量等多方面。加强燃气运行维护可以确保燃气设备的正常运行和稳定供气，满足用户的用气需求。

定期对燃气设备进行检查、维护和保养，及时发现并消除安全隐患，是预防燃气事故的关键措施。通过加强燃气运行维护，可以极大地降低事故发生的概率，减少因事故造成的伤害和损失。燃气设备的维护成本通常远低于设备更换或大修的成本，通过加强日常维护，可以延长设备的使用寿命，降低燃气企业的运营成本。燃气设备在运行过程中，如果维护不当或存在故障，可能会导致燃气燃烧不完全甚至发生燃气泄漏事故，产生大量的甲烷和二氧化碳温室气体以及一氧化碳、氮氧化物等有害气体，对大气环境造成污染。加强燃气运行维护，可以确保燃气设备正常运行，减少有害气体的排放。燃气作为一种清洁能源，其高效利用对于节能减排具有重要意义。通过加强燃气运行维护，可以及时发现并解决燃气设备中的能耗问题，提高燃气利用效率，节约宝贵的能源资源。

1.4.1 运行

运行是指从事燃气供应的专业人员，按照工艺要求和操作规程对燃气设施进行巡检、操作、记录等常规工作。维护是指为保障燃气设施的正常运行，预防故障、事故发生所进行的检查、维修、保养等工作。主要术语包括：

（1）巡查：从事燃气供应的专业人员，按照工艺要求和操作规程对燃气设施进行巡视、检查、检漏、操作、记录等常规工作。

（2）巡视：通过工作人员眼睛、耳朵，或者高清相机等图像、声音采集设备，巡逻检查燃气设施运行状态，发现燃气设施保护范围第三方施工、占压，以及因燃气泄漏而导致的树木草皮枯死、异响等异常现象，并按要求上报的活动。

（3）检漏：使用检测仪器确定被检对象是否有燃气泄漏并进行泄漏点定位的活动。

（4）巡检：通过工作人员携带的各类检测、测量设备（包括各类检漏仪、测压仪等），发现燃气设施的异常状态，并按要求上报的活动。巡检的内容应包含但不限于巡视和检漏的内容。

通常习惯的说法还有将"运行"称为"巡视、巡检或巡查"，本书为了用词统一和避免引起理解偏差，将"巡视、巡检或巡查"统称为"巡检"；同理，将"检修、维修、保养"统称为"维护"。

1.4.2 设备维护

为了防止设备性能劣化或降低设备失效的概率，按维护计划、设备技术条件的相关规定和设备保养的内容对设备进行的技术管理措施。包括为保障设备的正常运行、预防事故的发生所进行的检查、日常维修、保养等工作。主要术语包括：

（1）维护：为保障燃气设施的正常运行，预防事故发生所进行的检查、维修、保养等工作。

（2）保养：为保障燃气设施的正常运行，使其处于较好运行状态而进行的清洁、检查、排污、调整等工作。

（3）设备检修：设备技术状态劣化或发生故障以后，为恢复其功能而进行的技术活动，包括各类计划修理（设备大修、中小修）

和计划外的故障、事故修理。

设备中小修是指按定期维修规定的内容或针对日常点检和定期检查发现的问题，检查、修整部分零部件，更换或修复少量磨损件，同时通过检查、调整、紧固机件等技术手段，恢复设备使用性能。

设备大修是指为全面消除设备存在的缺陷，通过更换部分已磨损的零部件或易损件对设备进行调整，以恢复其原有功能和效率。设备大修是计划修理工作中工作量最大的一种修理。

1.5　投产前交接

投产前交接是燃气管网、户内设施完工后进行的检验交接，交接各方（施工单位、工程管理部门、管网运行部门、户内管理部门等）应共同检查确认管网设施状态和数量。

交接前，施工单位已完成拟交接管道和设施的自检，交接工作应按分部、分段、分项工程进行。交接过程中，质量检查、检验所使用的检测设备、计量仪器应检定合格，并在有效期内。设备设施应与设计文件一致。各项交接应按要求填写检查记录。

关键检查内容包括但不限于以下内容：

管道上方不得有影响安全运行的深根植物和固定占压物；架空管（桥管）应设置必要的温度补偿和减振措施；阀门井室井盖（座）无破损、残缺，与路面平齐无高低差；主阀应竖直安装，无外力损伤，启闭顺畅，指示标记功能正常。波纹管调长器应无异常变形，无裂纹，无吊装螺杆螺母缺失、断裂、锈蚀现象；PE阀门和直埋焊接阀门井体宜为预制井体，井内填砂，PE管不应暴露在空气中。

调压柜（箱）安装位置应使调压柜不易被碰撞。如条件不允许则应采取防护措施；其中法兰应无锈蚀，两端导体跨接良好；调压阀、切断阀、指挥器等调压核心部件应无锈蚀，运动机构动作顺畅。

牺牲阳极交接时应检查测试桩，测试桩应安装牢固、竖直；接线盒中接线片、螺母等无缺失，电缆线连接牢固；牺牲阳极开路、闭路电位正常，管道保护电流正常。

1.6　通气投运

通气投运前燃气管道、设施、设备已完成现场交接，如发现影响管道安全运行的问题或与设计文件不符，必须在通气投运前完成整改。设计文件未明确且对管道安全运行影响较小的问题，或存在设施外部路面未完工的问题，按要求进行整改。对管道安全运行无影响，短期内不会引起管线运行事故且通气后整改不涉及停气降压的问题，应及时完成整改，应明确整改完成的截止时间。

燃气工程通气投运应避开用气高峰和不利气象条件。一般情况下，管道工程应尽量避免与调压站工程以及地上用气管道工程同时通气投运。大型工程通气投运应编写专项通气投运方案，并按要求分级审批。重要管道工程通气投运应组织专题会议，讨论并确定具体安全事项。

管道工程通气投运应设专人负责现场指挥，并应设安全员。参加作业人员应按规定穿戴防护用品。现场应配置相应的作业机具、通信设备、防护用具、消防器材和检测仪器等。

通气投运宜避免动火作业，如无法避免，施工单位应制定动火作业方案，涉及动火作业及其他危险作业必须办理审批手续。管道工程通气投运涉及停气降压时，应确定停气范围和用户清单，并按规定做好停气安全宣传。

通气投运准备包括但不限于以下内容：

1. 气源情况检查

检查并确保气源管道、气源调压站（箱）运行正常；次高压管道通气还应摸清上游门站、调压站供应状况。检查气源阀门状态，排除影响通气投运的所有不良因素。

2. 设施状态检查

检查拟通气投运管道工程中包含的阀门、调压器、架空管（桥管）、立管等设施均处于良好的待通气状态，并确保工艺管道内没有盲板等影响通气的装置。

检查并确保各放散点状况符合放散作业要求。

通气投运当天检查拟通气工程管道气密性是否合格；检查管道末端，确保通气投运管道未与地上用气管道连通。

3. 其他检查项

涉及氮气置换的工程，应做好氮气注入口的检查，同时检查氮气（液氮）的落实情况。做好因管道通气投运而改变运行管道气体流向、流速可能导致的风险分析，并做好应对预案。

检查作业机具、通信设备、防护用具、消防器材和检测仪器的准备情况。

检查专项通气投运方案和专题会议明确的其他准备事项的落实情况。

1.7　生产作业

生产作业是指在燃气管道和设备通有可燃气体的情况下进行的有计划作业。包含带气接、切管线；降压、通气、停气；更换设备等。生产作业包括动火作业和不动火作业。动火作业指需要进行焊接、切割的带气作业。

生产作业流程主要分为计划编报、方案准备、作业准备和作业实施四个阶段。计划编报包括计划编制时限的要求、作业申请和计划编制、计划的确认和反馈、计划完成时限的要求；方案准备包括工况核实、核实受影响的用户、方案核查与编制、方案评审与审批、方案的交底与备案；作业准备包括作业信息发布、通知受影响的用户、现场核实与检查、作业审批单管理、通信设备的使用管理；作业实施包括建立作业指挥部、作业信息的沟通、作业保障、作业记录、作业终止管理等。

作业方式的选择：为提高作业安全、确保用户利益，尽可能避免对环境的影响，作业方式的选择顺序是：（1）不影响用户供应的作业；（2）机械作业；（3）降压作业；同时应遵循安全、便利、简单、可行的原则。

作业活动危险源的辨识与控制：方案编制时应按照职业健康安全管理方面的相关规定，辨识作业过程中的所有危险因素和制定控制风险的预防措施，并在作业过程中严格执行。特别是针对有限空间作业和带气动火作业中可能引发火灾爆炸、中毒和窒息等事故的危险源，应进行重点辨识和制定预防措施及应急预案，并落实医疗救护和安全准备工作。

凡影响用户正常用气的作业须提前48h通知受影响用户，适时联系媒体发布公告。

作业中涉及有限空间作业和动火作业时，应办理审批手续并登记。

带气接、切、改线及置换作业要求如下：

（1）带气接、切、改线及置换工程必须由经过培训的专业人员进行。

（2）严格执行带气接、切、改线及置换，向相关员工提供足够指示及培训，确保其熟悉并遵守要求；各种作业操作严格按照对应的作业指导书要求执行。

（3）作业现场必须做好一切所需的安全预防措施，如将所有点火源移离作业区、配备足够灭火器材、警告牌、设置护栏等。

作业结束条件：方案中各项作业已经全部完成，并检查合格；指挥部确认管网工况、设备状态已经恢复到正常运行条件；各种作业记录已上报指挥部。指挥部宣布作业结束，各参与单位方可撤离。

1.8 智慧燃气运营与维护

随着大数据、物联网和人工智能等新技术的快速发展，在业务数据化到数据业务化的过程中，数据逐渐成为燃气企业生产要素的组成部分，数字化转型成为企业市场竞争力提升的重要支撑。与此同时，"碳达峰""碳中和"的"双碳"目标对燃气企业也提出了更高要求，数字化和智能化技术的应用加强了企业甲烷控排、碳排放的管理，有效促进了行业绿色低碳发展。

城镇燃气企业内部数据逐步实现互联互通，将采集整理后的数据进行实时智能分析，得出可用于指导生产运营的决策方案，并服务于生产运营、销售服务、调度应急等应用场景。智慧城市燃气数据管理整体架构如图1-4所示。

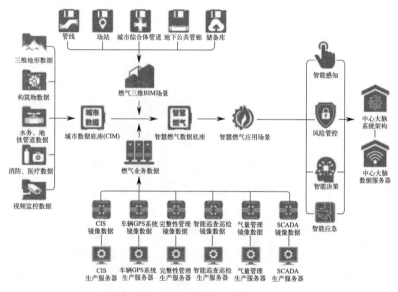

图1-4　智慧城市燃气数据管理整体架构

在生产运营方面，城镇燃气企业已做了很多利用数字化技术赋能业务创新和变革的尝试和实践，在提高运行维护效率和质量的同时，运行模式也发生了改变，随着数据的积累和分析，出现越来越多针对设备维护状态的预测模型，开始从周期性排产式维修向状态维修的转变，降低了运行成本、延长了设备使用寿命。

通过在燃气厂站部署智能燃气设备和监测传感器，实时收集燃气压力、温度、流量、泄漏等方面的数据，形成感知层的数据链条，进行智能设备间的耦合，实现自主站控、区域站间的协同、中心调度和本地站上下联动的兼容工作模式，提升燃气厂站运行安全和效率。具有智能化巡检功能的厂站依托激光泄漏云台、巡检机器人实现无人厂站，人工难以触达现场监管的生产场所可以用机器人进行取代，自主完成巡检任务，减少人工巡检的强度和风险，同时提高巡检的及时性和准确性，高效排查各类常规隐患。

在设备检测方面，在厂站、管网和用户端通过安装泄漏监测智能终端等传感设备，形成全覆盖的数据监测、远程控制体系，实现无人化管理和 $7 \times 24h$ 的运维保障。通过实时监测和数据分析，当设备出现异常或故障时，系统会自动报警并通知巡检人员进行处理，从而确保巡检的及时性。

在管网巡检方面，采用智能高精准的燃气巡检车，手持检测设备、移动式激光气体检测站等，对城市燃气管线进行监测和故障排查，及时发现燃气泄漏并精准定位，实时上传数据到运行维护平台，联动相应的处置方案，任务直接触达作业人员，提高了应急响应的时效性。

利用巡检管理系统、App 等工具，实现巡检任务的电子化分配、执行、记录和反馈。通过实时跟踪巡检进度，做到实时质检，持续提升巡检效率和质量。

有些城镇燃气企业还通过多角度、多层次、全方位、全天候采集视频图像及物联网感知，实现对人、地、事、物、组织和管线的多维度信息采集，弥补城镇燃气企业在管线巡检方面的薄弱环节，消除传统管线巡检中存在的盲点，持续优化巡检流程。在确保巡检质量的前提下，减少不必要的环节和步骤。在数字化、智能化巡检系统的支撑下，线上线下互为补充，可以最大限度消除防控管理盲区和空白。利用数字孪生、可视化技术，还可以实现全区域管网巡检、人员管理、现场分析、应急指挥等方面的实时可视化。

为加强对地下管线的精确定位，将具有采集管线位置及其他管线信息的管线标识器埋设在地下燃气管线末端、中间接头、弯头、各类阀门、转弯弧形路径、道路交越等处附近或正上方，可以迅速精确定位管线位置，获取管线相关材质、用途、权属、建造、维修或归属管廊等属性信息，配合使用探测仪专用软件，可以满足管线标识器安装、查看、巡检、探测、事件上报、地图导航等功能的需要。

以 SCADA（Supervisory Control And Data Acquisition）为核心的监控及数据采集系统，是以计算机为基础的生产过程控制与调度自动化系统，可以对燃气管网、调压等运行设备进行监视和控制，实现燃气压力、流量、温度的数据采集、设备控制、测量、参数调节以及各类信号报警等功能。这套系统可以实时了解管网运行状态，辅助诊断故障，现已经成为城镇燃气生产运行、调度、应急指挥等方面不可缺少的工具。它对提高城镇燃气运行的可靠性、安全性与经济效益，提高调度和应急响应的效率和水平方面发挥着不可替代的作用。

基于 SCADA、GIS、仿真、生产运行管理等系统的智能燃气管网平台，覆盖生产调度、日常运行、仿真、维护、安全管控、应急管理等业务场景，对管网环境、监控、生产运行等数据进行融合，形成燃气管网生产调度、综合运管、应急指挥、决策驾驶等运行管理一体化的智能应用体系。利用数字孪生技术，在平台上建模和模拟现场数据，实现对燃气复杂输配网络的高精度动态模拟仿真、能效监测、故障分析。

在用户侧，通过安装具备泄漏监测功能的智能燃气表等传感终端，实时采集客户用能数据，利用大数据分析等平台进行智能分析统计，及时发现风险隐患，了解客户的用气习惯，开展节能分析、能效诊断等具有附加值的服务。

1.9 小　结

本章就城镇燃气种类、压力级制、管道敷设方式和城镇燃气系统的构成，巡检和设备维护、交接投产和通气、生产作业和智慧管网运行维护等进行了介绍。

燃气设施是燃气安全供应的基础，燃气企业应加强燃气设施的定期巡检和维护，及时发现和处理设施故障和隐患。

通过制定科学的巡检计划、优化巡检流程、加强人员培训和激励、实施监督和考核以及引入智能化巡检技术等措施，可以确保燃气设备巡检的及时性，有助于预防安全事故的发生，保障燃气设备的正常运行和用户的用气安全。

燃气企业的运行维护管理是保障燃气安全供应的重要环节，需要建立完善的管理制度和操作规程，并确保制度的贯彻执行。燃气运行维护的重要性体现在保障公共安全、促进环境保护、提高能源利用效率以及提升居民生活质量等多个方面。因此，燃气企业应高度重视运行维护工作，确保燃气设施的安全、稳定和高效运行。

第2章

城镇燃气管道

2.1 概　　要

　　城镇燃气管道上游连接城市燃气门站，下游连接储存设施、调压设施、用户设施、管理设施等。通过燃气管道将符合质量的燃气输送至城镇燃气用户，具有输气、配气、储气和一定的调峰功能。

　　城镇燃气管道一般可以按管道用途、输送压力、管道材质、敷设方式等分类。在城镇范围内专门输送燃气并将燃气分配给用户的管道，称为输配管道，从用户总阀门到各用户燃具和用气设备之间的燃气管道称为用户管道。根据输送的介质还可细分为天然气管道、人工煤气管道和液化石油气管道。

　　《燃气工程项目规范》GB 55009—2021 规定：燃气输配管道应根据最高工作压力分级。最高工作压力是指正常工作情况下，管道内部能达到的最高压力。输配管道压力分级如表 2-1 所示。按最高工作压力对燃气管道进行分级是国际通行做法，而我国城镇燃气管道长期采用"设计压力"的分级方法，设计压力是指在相应设计温度下，考虑安全放散装置启动压力及仪表误差等条件用以计算确定管道壁厚的压力，其值不得小于管道的最高工作压力。根据最高工作压力和设计压力的定义，一般情况下：P（设计压力）$=n$（倍数大于等于 1）$\times P$（最高工作压力）。

输配管道压力分级　　　　　　　　　　　表 2-1

名称		最高工作压力（MPa）
超高压		$P>4.0$
高压	高压 A	$2.5<P\leqslant4.0$
	高压 B	$1.6<P\leqslant2.5$
次高压	次高压 A	$0.8<P\leqslant1.6$
	次高压 B	$0.4<P\leqslant0.8$
中压	中压 A	$0.2<P\leqslant0.4$
	中压 B	$0.01<P\leqslant0.2$
低压		$P\leqslant0.01$

对燃气管道按压力进行分级，再根据不同压力进行设计、施工以及有针对性地运行管理，是保障其安全的前提，也是降低建设和运行成本的有效手段。对燃气管道按照压力分级管理是科学合理的有效措施。可根据压力等级选择不同的管道材料；可根据压力等级采取不同的设计方法，例如选线原则、壁厚计算、敷设方式等；可根据压力等级对运行管理提出不同的要求，例如保护范围和控制范围、巡线、运行维护和抢修、安全管理模式等。

举例说明：某城市燃气高压管道进入三级地区的设计管径 $DN500$、设计压力 2.5MPa，初始设计和投运阶段确定的最大工作压力为 2.5MPa，管道本体设计按设计压力计算壁厚并选取管材，根据《城镇燃气设计规范（2020 年版）》GB 50028—2006，规划选线控制管道与建筑物之间的水平净距不小于 5m。管道运行 3 年之后，由于该区域城市建设发展较快，管道沿线建筑物日益密集，地区等级提高到四级，新建建筑物与管道的水平净距仅有 3m，为保证管道安全运行，最高工作压力降低为 1.6MPa。

燃气管道与地上地下各类建（构）筑物相邻相随。在实际运行中，第三方破坏已经成为燃气管道损坏和事故的首要原因，明确燃气管道的保护和控制范围非常重要。

最小保护和控制范围内的其他建设活动，极易引起燃气设施的损坏造成事故，必须严格控制和监管。这里提出的最小保护范围和最小控制范围的保护主体是既有输配管道及附属设施。现行的燃气工程技术标准规定间距要求是燃气管道的施工和运行维护所必须具有的空间要求，保护主体是周边环境和其他地下设施。

《燃气工程项目规范》GB 55009—2021 规定的燃气管道的最小保护范围：低压和中压应为外缘周边 0.5m 范围内的区域；次高压应为外缘周边 1.5m 范围内的区域；高压及高压以上应为外缘周边 5.0m 范围内的区域。

在最小保护范围内，不得从事危及燃气管道安全的活动：

（1）建设建（构）筑物或其他设施；

（2）进行爆破、取土等作业；

（3）倾倒、排放腐蚀性物质；

（4）放置易燃易爆危险品；

（5）种植根系深达管道埋设部位可能损坏管道本体及防腐层的植物；

（6）其他危及燃气设施安全的活动。

在输配管道及附属设施保护范围内从事敷设管道、打桩、顶进、挖掘、钻探等活动，可造成对燃气管道的占压、破坏，易发生燃气泄漏；由于距离过近，极易造成燃气管道的振动、基础沉陷或机械碰撞，损坏燃气管道；对管道和防腐层有腐蚀作用，且埋地管道腐蚀后不易被发现，安全隐患不易排查和治理，一旦发生事故影响很大。因此如有这些可能影响燃气管道安全的活动时，应与城镇燃气企业制定保护方案并采取安全保护措施。不具备双方认可的保护方案就不具备施工条件。

《燃气工程项目规范》GB 55009—2021 规定的燃气管道的最小控制范围：低压和中压应为外缘周边 0.5～5.0m 范围内的区域；次高压应为外缘周边 1.5～15.0m 范围内的区域；高压及高压以上应为外缘周边 5.0～50.0m 范围内的区域。

在最小控制范围内，从事上文提到的危及燃气管道安全的活动时也应与燃气运行单位制定保护方案并采取安全保护措施，避免安全事故发生。在最小控制范围以外进行作业，也要根据所从事活动的影响范围，评估是否会对燃气管道产生危害，保护方案及保护措施应能有效保证燃气管道的安全。

2.2　管道巡检和维护

燃气是市政公用事业的重要组成部分，燃气管道是现代化城乡的重要基础设施，与经济社会发展和人民生活息息相关。燃气管道贯穿城乡所在建设区域，连接城乡各类建（构）筑物，燃气管道的安全运行关系人身安全和公共安全。

燃气安全管理是城市安全运行管理的重要内容，当发生燃气安全事故时，不仅危及个人生命、财产安全，往往也危及公共安全。近年来燃气管道长度和燃气用气量逐年增长，燃气用户数量不断增多，伴随而来的燃气安全形势也愈发严峻。燃气安全风险、隐患点多面广，燃气事故时有发生。实现燃气供应的连续稳定和运行安全，是燃气安全供应的根本目标。

对于燃气运行企业来说，管道巡检是日常生产工作中最重要的工作内容。管道运行人员在对管线的巡检过程中，通过肉眼观察或专用仪器检查，可以查找是否存在燃气泄漏、管道裸露、管道位移、建（构）筑物占压管道等问题，判断分析管道的运行情况，还可以及时发现在管道保护范围和控制范围内是否有危害管道安全的活动。对发现的问题或隐患及时汇报，详细记录隐患、事件相关信息，跟进和阻止事件的发展、切断燃气事故发生的路径，有效预防各类突发燃气事故，最大限度地减少事故发生，减少因事故导致的人员伤亡和财产损失，达到管道安全运行的目的。

2.2.1　埋地管道巡检和维护

1. 一般要求

管道巡检维护人员应具备燃气理论基础知识，熟悉运行维护相关规定，了解相关规范要求。

　　管道巡检人员要熟悉自己巡查区域内的地下管网状况，包括管道走向、管道长度、管道埋深、管径、管道材质以及每个节点、拐点的具体位置；管道巡检人员要熟知自己巡检区域内管网设备设施的具体位置和巡检区域内存在的隐患。

2. 巡检内容

　　（1）通过观察管道沿线周围环境变化，检查管道所在位置是否存在土壤塌陷、占压、堆积重物、其他行业施工等威胁燃气管道安全的情况，管道是否存在泄漏。

　　（2）检查管道附件是否运行正常，有无损坏或存在泄漏，检查其保护装置是否完好。管道附件包括：阀门、阀门井、检查井（孔）、阴极保护测试桩等。

　　（3）检查管道标识。

　　（4）检查管道最小保护范围、控制范围内有无其他可能危及管道安全的施工活动。

　　（5）测试阴极保护电压。

　　（6）检测燃气管道有无泄漏。

3. 巡检方法

　　对地下燃气管道的巡检主要是采用近距离观察的方法，一般做法可归纳为：

　　看：有无土壤塌陷、滑坡、路面下沉、人工取土、堆积垃圾或重物、管道裸露、种植深根植物及违章搭建建（构）筑物、水面冒泡、树草枯萎和积雪表面有黄斑等；

　　闻：管道沿线是否有燃气异味；

　　听：有无燃气泄出声响；

　　查：燃气管道有无管道附件、管道标识的丢失或损坏。

　　特殊地段：对穿越跨越处、斜坡等特殊地段的管道，在暴雨、大风或其他恶劣天气过后应及时巡检。

　　主动监护：其他施工单位在燃气管道附近施工，对有可能影响燃气安全运行的施工现场，应加强巡检和现场监护。

　　有上述现象发生时，应查明原因并及时采取有效的保护措施。

4. 巡检要求及合格标准

（1）巡检要求

运行人员应高度重视管道巡检工作，认真履行职责，严格遵守操作规程，做到准备全面、巡检到位、及时发现违规迹象或苗头、原因查明、控制事态的发展，后期处置按流程规定办理。

（2）巡检频次

1）高压管道和次高压管道应不少于两天 1 次。

2）中压管道应不少于半月 1 次，低压管道应不少于每月 1 次，液化石油气管道应不少于每周一次。

3）老旧管道及其附属设施应增加巡检频次。灾害性天气前、后应临时增加对山体段、穿跨越区域管道的巡查。当遇特殊、重大活动或区域存在安全隐患时，应按要求增加巡检频次。

鼓励通过无人机巡检、可视化管理等先进信息化手段提高巡检质量及频次。

（3）巡检流程

巡检流程为工作准备、巡检作业、隐患上报与现场处理、应急处置、记录归档等。

（4）巡检记录

对每天巡检中发现和处理的问题，应认真作好现场资料的原始记录。

埋地管道巡检准备工作如表 2-2 所示。

埋地管道巡检要求及合格标准如表 2-3 所示。

埋地管道巡检准备工作　　　　　　　　表 2-2

内容	要求	合格标准	注意事项
人员	持证上岗、身体、精神状况良好	按作业计划要求调派人员	—
防护用品	防静电服、鞋、手套；夜间作业应穿有反光标志的工作服	穿戴符合规定	长发束紧不外露，使用电动工具严禁戴手套

续表

内容	要求	合格标准	注意事项
工具	锤子、井钩、开锁用具、安全绳、内六角扳手等各种工具	工具完好、可用	—
设备	检测仪器：可燃气体检测仪和四合一气体检测仪	完好、在校检有效期内	—
	万用表		
	机动车、非机动车	完好、按规定做检验和维护	
	PDA 手持机		
相关材料	签字笔或钢笔、管道运行图纸、记录表单等	携带齐全	—

埋地管道巡检要求及合格标准　　　　表 2-3

内容	要求	合格标准	注意事项
沿管道走向检查	目视观察管道沿线地面状况，通过看、闻、听、查，对管道是否安全做出判断； 发现异常时对管道 5m 内地下设施逐一检查； 如有燃气泄漏应控制现场、杜绝一切火种，并及时上报	无水面冒泡、植物枯黄、积雪表面黄斑；无燃气臭味；无燃气泄漏声响	如遇有遮挡物时，应绕过遮挡物，到达管道可视范围内进行巡查
	检查有无管道裸露、损害、悬空等，或有无出现上述情况的可能性； 查看有无地面塌陷和取土；暴雨、大风、洪水等恶劣天气、灾害过后，全面检查穿越桥梁、公路、铁路的管段，与排水沟、电缆沟、暖气沟交会管段等	管道无裸露、损害、悬空等，无出现上述情况的可能性；无异常变化	
	观察管道保护范围内有无违规作业活动或有准备施工的迹象	无违规作业活动	如发现违规情况，应： 与施工方取得联系，核实工程情况； 告知燃气管道位置，提出安全注意事项； 及时上报

内容	要求	合格标准	注意事项
检查阀门井	检查井盖井圈有无破损、丢失	井盖井圈应无破损、丢失等	如发现井盖井圈破损、丢失,周边地面有塌陷应在现场看守,并上报、作好记录
	检查阀门井周边地面有无塌陷	阀门井周边地面应无塌陷	
	检查阀门井保护范围内有无堆积物	阀门井保护范围内应无堆积物	—
	在井盖开启孔处检测燃气浓度是否大于 0	应无燃气浓度读数	如发现燃气浓度大于 0,应进行通风;通风后再次检测,如不能达应标准分析井内设备是否有问题,记录并汇报;如需进入井内检查应符合表 2-4 的要求
	检查燃气阀门井内有无积水(含凝水器井、管道套管井、检测孔井等)	井内应无积水	打开井盖、检查后,盖井盖时,避免井钩滑脱,人员摔伤
阴极保护装置/保护电压测试	检测测试装置是否齐全、完好	测试装置应齐全、完好	对检测电压值不符合技术标准要求的,认真作好记录并上报
	按企业管理规定的检测周期,现场测试保护电压并记录检测数值	保护电压值应为 $-1.50 \sim -0.85V$。记录数值应清晰、准确	
标识	检查管道标识钉、标志桩	应无损坏、缺失	发现有损坏、缺失的,记录并上报,及时更新或补充

2.2.2　进入阀门井（地下阀室）内检查

阀门井（地下阀室）内一般设置有管道、阀门、调长器、放散管、放散阀等。巡检过程中发现异常情况后，根据生产计划会有进入阀门井（地下阀室）的作业。当进入阀门井（地下阀室）作业，应有作业方案，且在作业前对参与作业的人员进行安全技术交底，作业人员应全面了解作业内容、职责分工、安全要求等。这些作业一般可分为：一是进入井室内做进一步检查（燃气泄漏点、检查设备状态等），将其划定为不动工艺管线和设备的检查作业；二是维修或更换设备零部件、更换主阀门等，将其划定为改变工艺管道、设备零部件或设备的作业。作业又可分为停气作业和不停气作业，两种作业方式对环境、人员、配备防护用品、安全措施等要求都有所不同。

进入阀门井（地下阀室）内检查的内容和要求如表 2-4 所示。

进入阀门井（地下阀室）维修或更换设备，如果是停气作业可按照表 2-4 逐项进行。

为了不影响供气，实际生产过程中更多的时候是采用不停气更换的做法，由于阀门井（地下阀室）内空间比较狭窄、进出不方便，是一项十分危险的工作，因此在阀门井（地下阀室）内实施不停气作业时必须将阀门井（地下阀室）盖板全部打开，并应配备现场监护员全程实施监护。

进入阀门井（地下阀室）作业人员必须严格按照操作规程的规定进行作业，不违章作业，不盲目作业。作业人员作业内容、要求、工作标准和注意事项等如表 2-5 所示。

作业过程中发生险情时，例如：人员晕倒、人员摔伤、燃气大量泄漏、设备失效等，救援人员须做好防护后下井救人，并立即撤出事故现场。需要强调的是在上述任何一种情况突发时现场监护员不得下井，坚持在现场发挥监护作用。

阀门井作业现场气体监测、监护人员配备如图 2-1、图 2-2所示。

表 2-4

进入阀门井（地下阀室）内检查的内容和要求

内容		要求	合格标准	注意事项
检查准备	人员	持证上岗，身体、精神状况良好；熟知检查内容、作业方案、职责分工和有关要求	按作业方案要求调派人员；阀门井上面必须留有监护人员	—
	防护用品	穿戴防静电服、鞋、安全帽、配安全绳，夜间作业应穿有反光标志的工作服	穿戴应符合规定	长发束紧不外露
	工具	徒手工具：内六角扳手、梅花扳手、活扳手、旋具、钳子、内六角扳手、黄油、专用井钩、开锁用具	工具完好、可用，配备齐全	—
		交通工具：机动车、非机动车	车况良好，按规定做检验、维护	
		排水工具：水桶或抽水机	—	如有积水可用水桶或抽水机排水
	设备	电气设备：防爆灯具、发电机、防爆风机	设备功能完好、有效、配备齐全、电源线无破损、电量充足	
		警戒、警示设备设施：警示带、警示牌、反光锥、交通指示灯具（夜间使用）		
		防护设施：正压式呼吸器、送风式长管呼吸器、三脚架等		
		检测仪器：可燃气体检测仪、四合一气体检测仪、PDA手持机		

续表

	内容	要求	合格标准	注意事项
检查准备	设备	通信设备:防爆对讲机	符合防爆要求、电力充足、频率正确	—
	作业材料	螺栓、卡具、垫片、黄油、手套、包皮布、螺栓、测压仪表等	型号、规格匹配,质量合格;根据需要携带齐全	根据作业类型选择适用的作业材料
	消防措施	作业区四角应摆放干粉灭火器	灭火器摆放数量符合规定且应完好、有效	作业人员会使用灭火器
	划定作业区域	使用警示带或锥桶明确标识出作业区域。作业区域两端应设立警示牌;夜间作业区应设置灯光警示标志	作业区域范围应满足作业点与行人、交通车辆的安全距离	避免产生火花
	开启井盖前检测燃气浓度	开启井盖前使用可燃气体检测仪在井孔处检测井内燃气浓度,检测到井内有燃气浓度时,应采取在井盖四周洒水等防爆措施,如图2-3所示	严格按照操作规程的规定进行操作	
进入井室检测	开启井盖	用专用开井锁工具打开井锁;依次打开全部井盖;打开井盖之后进行自然通风	—	开启井盖时,作业人员应站在上风侧
	开启井盖后再次检测	自然通风后使用四合一可燃气体检测仪检测阀门井内的甲烷、氧气、硫化氢和一氧化碳的浓度:(1)在阀门井内上、中、下三个位置检测;(2)按照上、中、下的顺序依次检测;(3)检测结果:氧气含量取最低值,甲烷、一氧化碳和硫化氢浓度取最高值,如图2-4所示	对检测结果进行作业环境风险评估,应符合安全作业条件	不要直接下井;检测仪器在每个检测点停留的反应时间应满足检测仪器的反应时间,待显示数值稳定后方可进行下一步检测

续表

内容		要求	合格标准	注意事项
进人井室检测	进入井室	(1)监护人员检查下井作业人员是否按要求穿戴齐全防护用品,安全绳是否系紧,呼吸器通风是否畅通等,如图2-5所示；(2)井内人员手抓牢、脚踏稳爬梯,逐节下向攀爬	严格按照操作规程的规定进行操作	建议当井室内积水超过30cm时要采取措施后再下井
	检查积水	查看积水坑内有无积水；阀门井内有积水或积泥时,应清除干净	积水坑内应无积水,无积泥	—
	检查井室结构	(1)检查井口、盖板有无裂缝,漏水；(2)井室内墙壁有无裂缝；(3)井室内地面有无塌陷；(4)两端穿墙套管有无裂缝、套管处密封状态；(5)爬梯是否稳固	(1)井口、盖板无裂缝,漏水；(2)井室内墙壁无裂缝；(3)井室内地面无塌陷；(4)两端穿墙套管无裂缝、套管处应密封良好；(5)爬梯应稳固	—
	检测燃气泄漏	(1)将可燃气体检测仪的检测点准对准检测门内设备的检测点依次检查,按下可燃气体检测仪表盘照明按钮查看数值；(2)检测工作完成,将可燃气体检测仪放到井上	各设备检测点应无燃气泄漏；严格按照操作规程的规定进行操作	避免遗漏检查点,不要在井室内开、关可燃气体检测仪
	检查阀门井内设备	(1)放散阀门上法兰是否加装盲板或法兰盖堵；(2)井室内设备表面有无锈蚀或涂层脱落；(3)主阀门支墩是否稳固；(4)调长器拉杆螺母是否拧紧,拉杆是否处于受力状态	放散阀门上法兰应加装盲板或法兰盖堵；井室内设备表面应无锈蚀、涂层无脱落；主阀门支墩应稳固；调长器螺母应拧紧,拉杆应处于受力状态	发现问题及时上报或按相关规定和要求现场维修
巡检结束	打扫井内卫生	擦拭设备,打扫井内卫生	应无积水,落叶等杂物	防止磕碰,跌倒受伤

图 2-1　作业现场气体监测

图 2-2　作业现场监护人员配备

图 2-3　开启井盖前检测燃气浓度

图 2-4　进入阀门井前检测燃气浓度

图 2-5　安全防护

2.2.3　进入阀门井（地下阀室）维修或更换设备

进入阀门井（地下阀室）内作业的内容和要求如表 2-5 所示。

表 2-5

进入阀门井（地下阀室）内作业的内容和要求

作业	内容	要求	工作标准	注意事项
进入阀门井检测燃气浓度准备	开启井盖		参见表2-4"检查准备"内容	
	进入阀门井进内检测要求		参见表2-4"进入井室检测"中相关内容	
	进入阀门井			
	阀门（球阀、蝶阀、闸阀）启闭	(1)关闭阀门：顺时针方向旋转手轮（手柄），直至阀门全部关闭。关闭后将手轮略回旋，使传动机构处于不受力状态。 (2)开启阀门：逆时针方向旋转手轮（手柄），直至阀门全部开启。开启后将手轮略回旋，使传动机构处于不受力状态。 (3)启、闭阀门的操作，必须是阀门全开或全关操作	(1)手轮（手柄）直径（长度）小于或等于320mm时，由一人操作；大于320mm时，两人操作。 (2)阀门启、闭后检查阀门行程指示器显示应与阀门状态相符	(1)启闭阀门操作过程中，应缓开缓关，均匀用力。 (2)球阀启闭过程中原则上不允许借助加长力臂操作
阀门井内带气作业	停气拆卸主管首盲板，安装新垫片	(1)检查和确认盲板前阀门为关闭状态。 (2)拆卸盲板法兰螺栓。 (3)用调长器将待拆卸法兰拉开缝隙，将盲板和旧垫片卸下。 (4)清理、擦拭法兰密封面。 (5)新垫片双涂抹黄油后，贴在法兰密封面上，调长器复位，对角将螺栓螺母拧紧到位	使用梅花扳手将全部法兰连接螺栓松开2~3扣，对角拆卸主螺栓。禁止戴手套接触法兰已涂抹黄油的垫片。螺栓螺母紧固后，上下法兰面应与垫片紧贴，不得有缝隙	拆卸螺栓时应戴手套操作，工具和设备应轻拿轻放。作业现场强制通风，工具使用非防爆型工具时，在工具接触面涂抹黄油；拆卸下的螺栓螺母等禁止放置在管道上或其他高处，避免滑落

续表

作业准备	内容	要求	工作标准	注意事项
			参见表2-4"检查准备"内容	
阀门井内带气作业	带气拆卸主管道盲板、安装新垫片❶	(1)掀开阀门井盖板。 (2)将管道内压力降至400～600Pa。 (3)检查和确认盲板前阀门为关闭状态。 (4)拆卸放散阀门堵板。 (5)打开放散阀门塞入球胆并充气。 (6)用调长器将待拆卸法兰拉开缝隙，将盲板和旧垫片卸下。 (7)清理、擦拭法兰密封面。 (8)新垫片双面涂抹黄油后，紧贴在法兰密封面上，调长器复位，对角将螺栓螺母拧紧复位。 (9)缓慢开启阀门，恢复供气	—	拆卸螺栓时应戴手套操作，工具和设备应轻拿轻放。 非防爆型工具时，当使用工具接触面涂抹黄油； 拆卸下的螺栓螺母等禁止放置在管道上或其他高处，避免坠落。 作业过程中应对作业面的气体浓度进行实时监测，当检测到井室内浓度发生变化时，应采取安全措施； 球胆放在来气方向，让出出散管
	更换主阀门、调长器、放散阀门	基本要求和注意事项可参照拆卸主管道盲板、安装新垫片相关内容		

❶ 本方式指不停气降压条件下拆卸主管道盲板、安装新垫片。

作业准备	内容	要求	工作标准	注意事项
作业准备	作业恢复	(1)将管道内压力逐级恢复至运行压力。 (2)用可燃气体检测仪检测各部位是否有燃气泄漏，发现燃气泄漏时应立即修复	参见表 2-4"检查准备"内容	作业过程中应对作业区域的气体浓度进行实时监测，当检测到井室内浓度发生变化时，应对作业人员和环境采取措施
			缓慢开启阀门，恢复供气	
阀门井内带气作业	撤离现场	(1)整理清理井下作业工具、材料； (2)盖好阀门井盖板或井盖； (3)撤离作业区，全部收回作业区警示标识	向井上传递工具时，应抓紧握牢，避免工具滑落伤人； 盖井盖时，避免井钩滑脱、人员摔伤	—

2. 2. 4　架空管道巡检和维护

架空管道也是燃气管道常见的一种敷设方式，多用于用户内部管道、厂站工艺管道等，架空管道外表有防腐保护涂层，还有支架或支墩。对架空管道的巡检也是日常运行维护工作的重要部分，一般包括下列内容：

（1）检查管道表面防腐层（防腐漆）有无剥落、破损、管道有无锈蚀点；

（2）检查管道支架或支墩有无损坏、变形、位移、锈蚀严重现象；

（3）检查燃气管道有无泄漏；

（4）检查燃气管道周围环境有无可能损坏管道的情况、有无借助燃气管道做其他用途，防撞栏杆是否完好存在；

（5）管道周围有无危害管道安全的施工或其他活动。

如果存在以上问题应作好记录并上报，及时安排对管道的修复和及时制止有可能危害管道安全的施工或活动，做好对管道的保护方案。

2. 2. 5　穿跨越管道巡检和维护

对穿跨越管道的巡检也是日常运行维护工作的重要部分，一般包括下列内容：

（1）检查过河架空管道防腐层是否有破损、剥落、管道有无锈蚀点、承托架是否有变形、补偿器各部件有无松动，发现问题应及时处理；

（2）检查河底穿越的管道水面是否有气泡不断溢出，以判断是否有燃气泄漏；

（3）通过管道穿跨越段两端检查孔，定期检测阴极保护电位是否满足要求、检查有无燃气泄漏。

2.3 阴极保护系统巡检和维护

《燃气工程项目规范》GB 55009—2021 中规定："埋地钢质输配管道应采用外防腐层辅以阴极保护系统的腐蚀控制措施。""输配管道的外防腐层应保持完好，并应定期检测。阴极保护系统在输配管道正常运行时不应中断。"根据《燃气工程项目规范》GB 55009—2021 的要求，对埋地钢质燃气管道的阴极保护电位的定期检测是管道运行维护的重要内容。

2.3.1 保护电位测试

对埋地燃气管道阴极保护电位的测试是巡检的主要内容，主要检测方法有：

1. 地表参比法

主要用于管道自然腐蚀电位、试片自然腐蚀电位、阴极通电点电位、管道保护电位等参数的测试。

（1）采用万用表和 $Cu/CuSO_4$ 参比电极测量；测量管道自然电位、管道保护电位时，万用表的一端连接在管道上，另一端接在 $Cu/CuSO_4$ 参比电极上。

（2）将参比电极放在距离管道或阳极 1m 范围的潮湿土壤上，应保证参比电极与土壤电接触良好。

（3）将万用表调至适宜的量程上，读取数据，作好记录，备注该电位值的名称。

2. 阳极输出电流测量（直测法）

直测法应选用五位读数的数字万用表，万用表的一端接参比电极，一端接在管道上，连接后直接读出电流值。

3. 土壤电阻率测试（等距法）

（1）在测量点使用接地电阻测量仪，采用 4 极法进行测试。将测量仪的 4 个电极布置在一条直线上，a 为相邻两电极间距，单位为米，其值与测试土壤的深度相同，且 $a=b$，电极入土深度应小

于 $a/20$。

（2）按仪器说明书进行测试并记录土壤电阻 R。

4. 杂散电流测试

（1）采用便携式 $Cu/CuSO_4$ 参比电极、数字万用表测量土壤杂散电流。

（2）参比电极测试杂散电流，将参比电极埋地后，浇水使其与土壤充分导通。参比电极稳定 5min 后，开始测量电位读数。每隔 5min 测取一次读数，最少测量 3 组数据，取最大值。

2.3.2　长效参比电极的校验

长效参比电极的检验按照以下步骤进行：

（1）选取 2 支标准的便携式 $Cu/CuSO_4$ 参比电极和 1 块数字万用表。

（2）将长效参比电极埋设于土壤中，浇水，使其与土壤充分导通。

（3）参比电极安装 10min 后，开始测量两支便携式参比电极之间的电位差，若两支便携式参比电极的电位差绝对值小于或等于 5mV，为合格。

（4）采用其中一支便携式参比电极测量埋地长效参比电极，若两支便携式参比电极之间的电位差绝对值小于或等于 5mV 时，说明长效参比电极合格。

2.3.3　阴极保护系统巡检和维护

阴极保护系统巡检和维护包括以下内容：

（1）检查恒电位仪是否正常启动、运行。

（2）记录恒电位仪电源电压、输出电压、输出电流、给定电位等。

（3）管道阴极保护状态未满足准则要求时，应调试给定电位，使管道达到保护电位要求。

对埋地钢质燃气管道的阴极保护电位的定期检测的结果，按实际检测数据填入相应检测表格，同时记录相应位置信息。

2.4 燃气管道泄漏检测

随着燃气管道数量增多、服役年限增长，管道运行状况引起业内的高度重视，故对燃气管道泄漏检测频率增加、准确度要求提高，单靠人工巡视检查已不能满足生产需要，大量检测仪器已经投入使用，因此正确使用检测仪器十分重要。

2.4.1 正确使用检测仪器

埋地管道的泄漏检测可采取车载仪器、便携仪器等，检测速度不应超过仪器的检测速度限定值。不同场景下检测仪器的选用和检测速度如下：

（1）对埋设于车行道下面的管道，可采用车载仪器进行快速检测，检测时车速不能超过仪器的检测速度限定值。

（2）对埋设在人行道、绿地、庭院等区域的管道，可采用便携仪器进行检测，检测时宜为正常步行速度。

（3）条件允许时可采用无人机载仪器配合泄漏检测。

2.4.2 检测注意事项

燃气管道泄漏检测应注意以下事项：

（1）检测过程中，检测仪器应始终处于工作状态。

（2）埋地管道的泄漏初检宜避开风、雨、雪等恶劣天气。

2.5 管廊中燃气管道巡检

2.5.1 地下综合管廊

地下综合管廊，又名共同沟、共同管道、综合管沟，就是在城市地下建造一个隧道空间，将电力、通信、燃气、给水排水等各工程管线集中在隧道里，实行"统一规划、统一建设、统一管理"，以做到地下空间的综合利用和资源的共享，它被称为城市的"生命通道"。综合管廊的出现不仅节省了城市地下空间，还有效解决了管道建设带来的重复开挖、重复建设和交通拥堵等问题，是 21 世纪新型城市市政基础设施建设现代化的重要标志之一。

综合管廊依托智慧管廊综合运营管理平台，通过管廊内布设的红外对射报警、传感器、人员定位系统等智能设备，对管廊内部的环境参数、设备状态进行实时监测，及时处理管廊内部报警信息及远程调度工作。

在系统方面，综合管廊附属系统设计除了包含消防、通风、供电、照明、环境与设备监控、安防等系统外，还有智能疏散、人员定位、火灾自动报警与可燃气体探测报警、本体排水等系统。

与综合舱不同，燃气一般都是设置在独立舱中。这种新型的燃气管道敷设方式也给燃气管道的运行带来了新的要求。

综合管廊巡检维护目前主要依靠人力，工作人员深入管廊内施工作业期间必须保证廊内的气体环境不危害人身安全。为降低管廊内气体环境带来的伤害，在进入管廊之前必须穿戴足够的保护设备且不能单人进入，在进入没有通风设备的管廊之前还必须进行气体检测；在管廊外应配备监控人员。

2.5.2　燃气管道巡检

1. 一般要求

进入管廊应严格遵守入廊管理规定，未经允许不得进入，严禁单人进入管廊；进入管廊的人员应配备防护用具、检测仪器和应急装备等，巡检用设备、防护装备应满足防爆要求；入廊前应先检测、再通风，确认环境参数符合安全要求后方可进入，巡检人员严禁携带火种和非防爆型无线通信设备入廊。

2. 巡检内容

（1）管廊中天然气管道的巡检维护应包括管道、管件及随管线建设的支吊架、检测装置等。管道舱内应无燃气异味，阀门应无泄漏、无损坏，管道附件及标志应无丢失或损坏，管道支架及附件防腐涂层应完好，支架固定牢靠。

（2）天然气管道紧急切断阀、远程控制阀门应定期进行启闭操作，功能应正常。启闭操作前应制定应急预案并采取保护措施。

3. 巡检方式

目前对于管廊中燃气管道的巡检维护存在诸多困难，如管廊管理中，管道的管理是不同的主体，存在人员入廊程序繁杂、入廊防护要求难以实施等问题，目前主要提倡对管廊中燃气管道的巡检维护宜建立基于信息技术和人工智能的预警、响应、预案管理等智能化应急管理系统，要充分利用设置的信息管理系统、数据采集与监控等功能，采用以远程监控为主的运维模式。

第3章

门站、调压站（箱）

　　门站是燃气长输管线和城镇燃气输配系统的交接场所，由过滤（分离）、调压、计量、配气、加臭等设施组成。门站是长输管线的终点，是城镇燃气输配系统的首站，是贸易交接点，分为过滤（分离）、计量、调压、加臭等几个单元。门站工艺流程如图 3-1 所示。

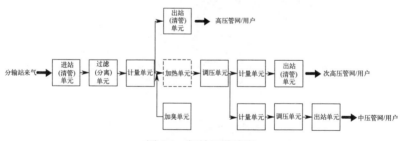

图 3-1　门站工艺流程

　　调压站（箱）内主要的装置是调压装置，调压装置是由调压器及其附属设备组成，将较高燃气压力降至所需的较低燃气压力的设备单元总称。设有调压装置和计量装置的建（构）筑物及附属安全装置的总称就是调压站，设有调压装置的房间称为调压室。调压箱是设有调压装置的专用箱体，调压箱属于整装设备。调压装置工艺流程见图 3-2，图 3-3 为中压调压站实景，图 3-4 为调压箱实景。

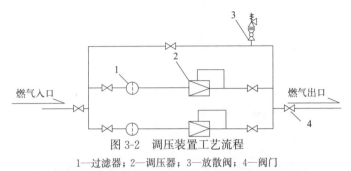

图 3-2　调压装置工艺流程

1—过滤器；2—调压器；3—放散阀；4—阀门

图 3-3　中压调压站实景

图 3-4　调压箱实景

门站、调压站（箱）中流程复杂，设备设施众多，而所有的机器设备在运转一定时间后，由于负荷、内部应力、磨损、腐蚀和自然侵蚀等因素的影响，导致设备性能降低，动力消耗增加，甚至会造成人身和设备事故。为了使机器设备能发挥生产效能，延长使用期限，必须对设备设施进行巡检和维护。

设备设施的运行维护人员需要有较高的专业技能。在进行运行维护工作前，需要进行上岗培训，培训内容一般为燃气常识、设备设施的构造原理、运行维护及故障排除、岗位安全要求等内容，取得"燃气作业人员培训考核合格证"后才可以上岗。门站、调压站（箱）中的设备检修较为复杂，一人无法同时完成压力监测、环境巡查等工作，因此在检修操作中，至少需要两名操作人员共同完成。在国家职业技能标准中，燃气储运工分为五个等级。因此建议在设备维护检修操作时至少有一名操作人员的技能达到四级/中级工以上。

3.1 巡检

3.1.1 门站

1. 准备工作

（1）门站为爆炸危险场所，为了保证人员安全，要求巡检人员穿防静电工作服、鞋，戴好安全帽，防止在爆炸危险环境中由于静电引发火灾爆炸事故。

（2）携带工具及设备：①可燃气体检测仪，检测仪应为便携式、防爆型。应保证检测仪在检验合格有效期内，电池电量充足。②通信工具，应为防爆型。③工具袋及黄油，应使用防爆型工具，如使用铁制工具，使用时应涂抹黄油。④防爆照明设备，防爆头灯、防爆手电、防爆灯等。⑤记录表单和笔，如运行参数记录表、隐患登记表、周边施工登记单等。

2. 巡检内容

门站巡检内容主要包括对巡检路线的规划和对各设备设施运行状态的检查、记录，发现问题及时处理。

（1）环境

门站区域较大，巡检前需要合理规划出路线，可以在地面画出带颜色的路线标记。除对设备设施进行巡检外，还应对门站内的环境进行巡检，主要对消防车道、防撞装置、设备间、应急物质及安全警示标志等内容进行检查。其中消防车道应保持畅通，防止救援时有障碍物阻碍救援；防撞装置应完好，真正起到保护设备设施的作用；设备间内应保持整洁卫生，无杂物堆放，设备之间的通道不能有妨碍操作的堆积物；应急物资主要有呼吸防护用品、防爆照明灯具、三脚架及安全绳、警示牌、围挡等，为了便于取用，这些物资应放置在专用柜或在作业现场指定的存放地点存放；在门站的生产区和设备设施上会设有安全警示标志，这些标志要齐全完好，如果发现有缺失或破损需要及时更换。

（2）工艺流程

门站内主要对调压器、过滤器、阀门、调长器、站内工艺管道、计量装置、加臭装置、附属安全装置及仪器仪表等进行巡视、检查（巡检），巡检要求包括以下内容：

1）调压器出口压力在允许范围内，无喘振等异常现象。调压器是燃气管网系统中的核心设备，其稳定运行是管网稳定运行的关键。在对调压器的巡检中应观察调压器的出口压力与设定压力的偏差值是否在允许范围内，如果出口压力不符合要求，或者调压器存在喘振等不正常现象，需要对调压器进行调试或检修。

2）过滤器差压表显示正常，清出的杂质不能随意排放、丢弃，危险废物做到可靠收集，并应集中处置。如果过滤器上的压差表显示异常，说明过滤器需要进行清理。因燃气中有许多有害物质，会污染环境，因此不能随意排放从过滤器中清理出的污物，需要集中后进行处置。

3）阀门手轮、手柄齐全，连接件保持紧固，外观无严重锈蚀。

阀门上有阀位显示，并处于全开或全关的位置。因为燃气系统中使用的阀门多数为球阀、闸阀、蝶阀，这些类别的阀门是用于截断气流而不是用于调节流量的，调节流量一般是采用流量调节阀，如果非流量调节用的阀门进行了节流操作，燃气中的杂质可能会损伤这类阀门的密封面，或堆积在阀口处导致阀门关闭不严。

4）调长器不应有扭劲变形，拉杆螺栓应拧紧。在燃气系统中使用的调长器的主要作用是用于吸收由于燃气设备维（检）修引起的管道和设备轴向位置变化的装置，不同于热力管道上使用的用于吸收管道热胀冷缩引起的管道位移变化的装置，调长器安装在系统上即视同短节使用，需要把调长器上的拉杆螺栓拧紧。

5）加臭装置初次投入使用前或加臭泵检修后，应对加臭剂输出量进行标定。带有备用泵的加臭装置需要定期进行切换运行，每3个月不得少于1次。应保持加臭剂原料罐与现场储罐之间密闭连接，现场储罐内排出的气体应进行吸附处理，加臭剂气味不得外泄。加臭剂属化学危险品，具有特殊气味。如果漏失、破损扩散极易污染环境和引起误判，因此应按照化学危险品的规定进行储存、保管。一次性原料罐属于固体废弃物，对其处理应符合《中华人民共和国固体废物污染环境防治法》的规定："收集、贮存、运输、利用、处置固体废物的单位和个人，必须采取防扬散、防流失、防渗漏或者其他防止污染环境的措施；不得擅自倾倒、堆放、丢弃、遗撒固体废物。禁止任何单位或者个人向江河、湖泊、运河、渠道、水库及其最高水位线以下的滩地和岸坡等法律、法规规定禁止倾倒、堆放废弃物的地点倾倒、堆放固体废物"。

6）计量装置机械封印正常，读数清晰。机械封印封住设备的开口处，一旦发现其被破坏，表明数据有可能失准，所以需要保证其完好性。

（3）附属安全装置

门站内附属安全装置包含放散系统、切断阀、报警控制系统等。放散系统主要由安全放散阀及管路系统组成，目前所用的安全放散阀基本为自力式放散阀，还有少量安全水封。自力式放散阀是并联安装在燃气系统中，燃气系统正常工作时，自力式放散阀处于关闭状态，燃气系统内的压力达到自力式放散阀设定的压力值时，依靠系统内燃气压力自力式放散阀自动开启，并向燃气系统外排放一定量的燃气，待燃气系统内压力恢复至设定值以下时，自力式放散阀自动关闭。目前切断阀有自力式燃气切断阀和电磁式燃气紧急切断阀两大类，电磁式燃气紧急切断阀主要安装在用户侧，在接收燃气报警器发出的电信号时，依靠外力驱动实现关闭的阀门。在门站、调压站（箱）中主要应用自力式燃气切断阀。这类阀门安装在燃气系统中，燃气系统正常工作时，自力式燃气切断阀处于开启状态，燃气系统内的压力达到设定值时，依靠系统内燃气压力自动切断燃气通路，燃气系统故障排除后，执行机构由人工复位。

报警控制系统主要由报警控制器和报警探测器（简称探头）组成。报警控制器主要对各探头及联动装置进行控制，探头的核心部件为内置的可燃气体传感器，用于监测空气中可燃气体的浓度。探头将传感器检测到的可燃气体浓度转换成电信号，通过线缆传输到报警控制器，可燃气体浓度越高，电信号越强，当可燃气体浓度达到或超过探头的报警设定值时，探头发出报警信号，通过报警控制器，由报警控制器向防爆风机传输控制信号，防爆风机启动，排除爆炸危险气体。

在对附属安全装置运行检查时，应注意以下事项：

1）安全放散阀阀体上应有检验铅封和标签，铅封应完好，且应在校验有效周期内；应注明下次校验时间。为保证安全放散阀的性能，需要进行定期校验，因此需要检查校验的铅封及校验的时间，在临近校验期限时需提前做好准备。

2）安全放散阀与被保护设施之间的阀门应全开。安全放散阀与调压流程的连接管道上会设置有阀门，阀门需保证处于开启状态，保证在管路压力超过安全放散阀的整定压力时，安全放散阀开启排放。

3）安全切断阀和可燃气体报警器完好有效。巡检时要检查安全切断阀与可燃气体报警器的状态，并且要定期检修安全切断阀，校验可燃气体报警器，保证其在事故状态下能有效启动。

4）放散塔底座稳固，塔身无明显锈蚀。避雷装置完好。放散塔为门站内最高的构筑物，需要检查其稳固性，若塔身锈蚀严重需要进行维护。对放散塔的避雷装置也需定期进行检测保证其有效性。

（4）消防设施及消防器材

为了保证消防设施完好有效，需要定期对消防设施和消防器材进行巡视，消防水池的水质应良好，无腐蚀性，无漂浮物和油污；消防泵房内应清洁干净，无杂物和易燃物品堆放；消防泵和喷淋泵应运行良好，无异常振动和异响，无漏水现象；消防供水装置无遮蔽或阻塞现象，站内消火栓水阀应能正常开启，消防水管（带）、水枪和扳手等器材应齐全完好，无挪用现象。灭火器材无埋压、圈占和挪用且完好有效。

对于消防系统还需要定期启动运行。对于灭火器材需要定期校验。

（5）配电室

配电室内有大量的电气设施，在巡检过程中主要检查配电室的警示标志、门窗密闭情况等。主要要求有：配电室门口应有禁止无关人员进入的警示标志，巡检时应检查标志的完好性，如标志破损需及时更新；配电室的门、窗关闭应密合。电缆孔洞应用绝缘油泥封闭，为防止鼠、蛇类等动物进入，配电室与室外相通的门、窗、洞、通风孔应设有挡板、网罩。配电室内的应急照明设备应完好有效；电缆沟上应盖有完好的盖板。

（6）电气设施

厂站要进行压力、温度、燃气泄漏、火灾报警等情况监测，由于厂站内有大量的电气设备及连接导线，所以要求在生产区内的电气设备均为防爆型，在对门站的燃气设施进行巡检的同时，也需要对电气设施进行巡检，巡检电气设施时主要检查以下内容：

1）生产区内的电气设备均应是防爆型，应该使用符合规范的设备；

2）电器元件及线路应接触良好，连接可靠，无严重发热、烧损现象；外露带电部分应屏护完好；

3）电气箱柜柜体内外应整洁、完好、无杂物、无积水；电气箱柜前应留有检修距离，前方 1.2m 范围内无障碍物；

4）检查防雷防静电接地装置，保护接地装置应完好。

（7）监控及数据采集系统

监控与数据采集系统是利用计算机、控制等技术实现现场环境的数据采集、监控的系统，主要对设备状态和工艺数据进行采集，如调压器的进出口压力、阀门阀位开关、计量仪表数据、过滤器前后压差、安全监控设备、供电及远传通信设备等。对于监控及数据采集系统主要检查以下内容：

1）监控及数据采集系统设备外观应保持完好。在爆炸危险区域内的仪器仪表应有良好的防爆性能，不应有漏电和堵塞状况。机箱、机柜和仪器仪表应有良好的接地。

2）监控及数据采集系统对监控中心的要求是：系统的各类设备应运行正常；操作键接触应良好，显示屏幕显示应清晰、亮度适中；记录曲线应清晰、无断线，打印机打字清楚，字符完整。

3.1.2 调压站（箱）

调压站（箱）的巡检主要包括周围环境巡视、调压站（箱）建筑物的巡视、调压站（箱）内设备运行状态巡视、泄漏检测等内容。

1. 准备工作

（1）为了保证人员安全，要求运行人员穿防静电工作服、鞋、戴好安全帽，防止在爆炸危险环境中由于静电引发着火爆炸事故。

（2）携带工具及设备：①可燃气体检测仪，检测仪应为便携式、防爆型；应保证检测仪在检验合格有效期内，电池电量充足。②通信工具，应为防爆型。③工具袋及黄油，应使用防爆型工具，如使用铁制工具，使用时应涂抹黄油。④防爆照明设备，防爆头灯、防爆手电、防爆灯等。⑤记录表单和笔，如运行参数记录表、隐患登记表、周边施工登记单等。

2. 巡检内容

（1）周围环境巡视

主要检查调压站围墙无开裂，门锁锁具完好，安全标识完好。《燃气工程项目规范》GB 55009—2021 对调压站（箱）的最小保护范围和最小控制范围进行了规定，如表 3-1 所示。

独立设置的调压站或露天调压装置的最小保护范围和最小控制范围

表 3-1

燃气入口压力	有围墙时		无围墙且设在调压室内时		无围墙且露天设置时	
	最小保护范围	最小控制范围	最小保护范围	最小控制范围	最小保护范围	最小控制范围
低压、中压	围墙内区域	围墙外3.0m区域	调压室0.5m范围区域	调压室0.5～5.0m范围区域	调压装置外缘1.0m范围区域	调压装置外缘1.0～6.0m范围区域
次高压	围墙内区域	围墙外5.0m区域	调压室1.5m范围区域	调压室1.5～10.0m范围区域	调压装置外缘3.0m范围区域	调压装置外缘3.0～15.0m范围区域
高压、高压以上	围墙内区域	围墙外25.0m区域	调压室3.0m范围区域	调压室3.0～30.0m范围区域	调压装置外缘5.0m范围区域	调压装置外缘5.0～50.0m范围区域

独立设置的调压站或露天调压装置的最小保护范围内，不应该有建设建（构）筑物或其他设施、进行爆破取土作业、放置易燃易爆危险物品等危及燃气设施安全的活动。在最小控制范围内从事危及燃气设施安全的活动时，应该与施工、设计等相关单位制定保护方案并采取安全保护措施。

也需要对调压站院内环境进行巡视，查看调压站站房及围墙、门窗、防护栏、栅栏牢靠，无破损、无异常现象；技防防护网设施是否完好。

（2）进入调压站（箱）巡检：在进站前须关闭非防爆的电子设备，检查调压站（箱）门外是否有燃气浓度，需要进行辨识确认安全后才能开启站箱门。

进入调压站（箱）内主要检查设备本体、管道等连接部位有无腐蚀、裂纹、变形、油漆剥落，燃气波纹管调长器的螺母是否为拧紧的状态。

检查调压器的运行压力、关闭压力、稳压精度等指标，查看各仪表显示是否正常，检查过滤器压差表显示是否在正常区域内。

对调压站（箱）内的设备进行泄漏检测，主要沿法兰、焊口、螺纹等连接处，并根据燃气密度、风向等情况按一定的顺序进行检测，检测仪的探头尽量贴近被测部位。

除以上内容外，还应检查调压站（箱）的防爆风机、监控和数据采集系统、消防器材、压力表、温度表等是否齐全、有效、完好。

3.2　设备维护

门站、调压站（箱）中包含调压器、过滤器、阀门等众多设备，这些设备在运转过程中，由于负荷、应力、磨损和腐蚀等因素的影响，导致性能下降，甚至造成设备事故，这是所有设备都避免不了的客观规律，为了延缓设备性能下降的趋势，延长使用寿命，必须对设备进行维护。维护内容包含检查、检修、保养等工作。

3.2.1　设备检修常识

虽然各种设备有着不同的结构形式、不同的作用原理，但是无论结构形式和作用原理如何变化，在检修时程序总结起来均为拆卸、检查及组装，操作人员只要掌握好设备构造原理、拆卸及组装设备的技能，设备维护检修操作就能完成。

拆卸是设备检修工作中的一个重要环节，如果拆卸不当，不但会造成设备零件损坏，而且会造成设备的精度丧失，甚至有时因一个零件拆卸不当使整个工作停顿，造成很大损失。拆卸工作简单来讲，就是如何正确地解除零部件在机器中相互的约束与固定形式，把零部件有条不紊地分解出来。设备拆卸方法主要有击卸、拉卸、压卸、热卸和破坏性拆卸几种方法，拆卸方法和定义如表 3-2 所示。

拆卸方法和定义　　　　　　　　　　表 3-2

拆卸方法	定义
击卸	利用手锤或其他重物敲击使零件松动，将零件卸下
拉卸	利用通用或专用工具与零部件相互作用产生的静拉力拆卸零部件
压卸	常用螺旋 C 形工具、手动压力机或千斤顶等工具与零部件作用产生的静压力或顶力拆卸零部件
热卸	利用热胀冷缩原理，通过加热包容件或冷却被包容件进行拆卸
破坏性拆卸	当需用拆卸一些固定连接件（如焊、铆体）或轴与套相互咬死时，不得已才采用这种方法。该法拆卸后会损坏一些零件，造成一定的经济损失，因此尽量避免采用该拆卸方法

设备拆卸前要弄清设备的结构、性能，掌握各零、部件的结构特点，装配关系以及定位销、弹簧垫圈、锁紧螺母与顶丝的位置及退出方向。设备按照先拆外部附件、再将整机拆成部件，最后拆成零件的顺序进行。所有零件顺序放，精密零件单独放，丝杠与长度大的轴类零件应悬挂，螺钉、垫圈可放专用箱内。

拆卸时还要注意：

（1）锤子敲击时：垫好衬垫，不允许直接敲击零件的工作表面，以免损坏零件。

（2）直接拆卸轴孔装配件时：通常要坚持用多大力装配，就应该基本上用多大力拆卸的原则。出现异常情况，就要查找原因防止在拆卸中将零件拉伤，甚至损坏。

（3）不能进行破坏性拆卸，如密封面的磕碰导致的损伤会引起阀门密封不严，从而发生内漏，调压器的阀口部位的损坏会导致调压器关闭压力升高或无法关闭的现象，因此在拆卸过程中不能大力地敲、砸。

（4）拆卸大型零件（如调压器的阀盖、过滤器的堵板）时，因调压器内有弹簧，过滤器腔内压力没有完全释放，拆卸过程可能会发生弹簧突然把调压器阀盖弹起、过滤器内压力把堵板吹出造成人员受伤的情况，因此在拆卸过程中需要有人员按压堵板，检修人员站在堵板侧面，不能正对阀盖或堵板，防止零件对人员造成伤害。

（5）装配精度较大的关键件（如调压器的阀盖、过滤器的堵板）时，做好记号。为了在安装时保持设备的原密封状态，在拆卸时可以用记号笔画线做记号，在安装时对准记号，保持设备安装严密。

设备组装时要遵循先拆后装、后拆先装的原则，拆卸零件的顺序与安装零件的顺序相反。

3.2.2　检修现场

设备检修现场对人员、使用设备、现场环境等具体的要求如下：

（1）现场操作人员最少为 2 人，其中应有 1 人指定为负责人，负责人职业资格技能等级应为四级或以上（中级工、高级工、技师、高级技师）。操作人员需要穿防静电工作服、戴好安全帽和穿工作鞋等防护用品。

（2）操作现场需备有完好有效的灭火器。操作现场需要用警示带划分出操作区域，防止无关人员进入。操作现场应保证环境整洁，不要有积水、油污等。

（3）检修时建议使用设备配套的专用工具和专用润滑脂、密封脂。尽量使用铜制工具，如使用铁制工具需提前涂抹黄油。

（4）现场使用的泄漏检测设备、照明设备及通信设备等应该为防爆型。

（5）调压站（箱）内的设备检修操作时应按照先检测环境中燃气浓度，再打开门窗，开启防爆风机进行强制通风的顺序进行。检修操作时需要对现场环境中燃气浓度进行全过程监测，泄漏检测设备始终处于运行状态，防爆风机一直处于开启状态。燃气浓度若超过 1‰VOL 时应立即停止操作，采取通风等措施，待浓度降至 1‰VOL 以下时才能继续操作。如果为有限空间内的设备检修作业还需要遵守有限空间作业相关安全要求。

3.2.3　调压器

1. 分类及性能参数

调压器作用是自动调节燃气出口压力，使其稳定在某一压力范围内的设备。调压器按工作原理、连接形式和最大进口压力进行分类，调压器分类如表 3-3 所示。

调压器分类　　　　　　　　　表 3-3

分类方法		类别
工作原理	作用方式	直接作用式（图 3-5） 间接作用式（图 3-6）
	失效状态	失效开启型（图 3-7） 失效关闭型（图 3-8）
连接方式		法兰、螺纹
最大进口压力（MPa）		0.01、0.2、0.4、0.8、1.6、2.0、2.5、4.0、6.3、10.0

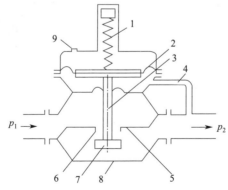

图 3-5　直接作用式调压器的工作原理

1—调节弹簧；2—薄膜；3—阀杆；4—导压管；5—阀座；
6—阀垫；7—阀芯；8—调压器壳体；9—呼吸孔

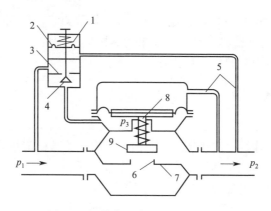

图 3-6　间接作用式调压器工作原理

1—指挥器弹簧；2—指挥器薄膜；3—指挥器阀座；4—指挥器阀芯；

5—导压管；6—主调压器阀垫；7—主调压器阀座；

8—主调压器阀杆；9—主调压器阀芯

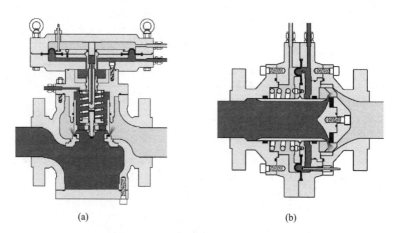

(a)　　　　　　　　　(b)

图 3-7　失效开启型调压器工作原理

(a) 截止阀式；(b) 轴流式

调压器的关键性能指标有稳压精度 AC 和关闭压力 SG。稳压精度是指调压器流量一定时，进口压力在额定压力内变化时，其出口压力与额定压力的偏差和额定出口压力的比值。稳压精度等级分

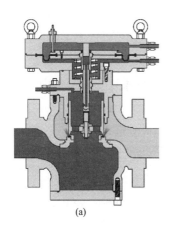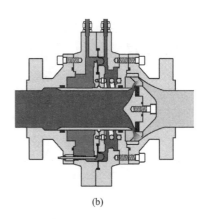

(a)　　　　　　　　　　　　　　　　(b)

图 3-8　失效关闭型调压器工作原理

（a）截止阀式；（b）轴流式

为 5 级，分别为：AC1、AC2.5、AC5、AC10、AC15，数值越小代表调压器稳压性能越好。关闭压力是当调压器流量渐渐降低到零后，出口压力最终稳定的压力值。关闭压力分为 6 个等级，分别是 SG2.5、SG5、SG10、SG15、SG20、SG25，数值越小代表调压器的关闭性能越好。

2. 检修内容

调压器的检修内容主要包含清除调压器外部污渍、锈斑，检查、紧固连接件及测试备用台出口压力、关闭压力等内容，如调压器内置有切断功能，还需对切断压力进行测试，保证事故状态下能够切断气流。

调压器检修可分为整体检修和故障检修。

整体检修主要包含：

（1）主阀、指挥器的拆卸和安装；

（2）检查清洗所有零部件；

（3）更换所有密封件及失效零部件；

（4）出口压力和关闭压力等性能测试；

（5）调压器外壳及支架的除锈刷漆等维护。

故障检修主要是对调压器阀口组件进行检查清洗或对故障部位拆卸检查，并更换损坏的密封件及零部件。调压器故障类型及故障原因分析如表 3-4 所示。

调压器故障类型及故障原因分析　　表 3-4

序号	故障类型	故障原因分析
1	出口压力偏低	(1)弹簧失效或选型不当； (2)阀口结冰； (3)进气口被污物堵塞； (4)信号管道堵塞
2	出口压力不正常升高	(1)调压器阀口关闭不严； (2)调压器皮膜漏气； (3)调压器密封元件受损
3	调压器下游没有气体通过	(1)过滤器堵塞； (2)切断阀触发； (3)调压器皮膜损坏； (4)进口压力低； (5)指挥器无气体通过
4	关闭压力过高或有内漏	(1)指挥器皮膜老化或破损； (2)阀口有污物
5	调压器振动	(1)信号管连接错位或不符合安装要求； (2)流量过低； (3)指挥器上取压泄压阀孔口径不对
6	调压器压力调不高	(1)调压器阀垫膨胀，阀口达不到应有的开度； (2)指挥器调节弹簧变形，达不到设计压力
7	调压器出口压力不稳和喘振	(1)燃气杂质多； (2)气体压力或流量突然变化干扰； (3)出口压力高，前压波动大

3. 检修准备

为了尽量不影响下游用户用气，调压器检修应该尽量避开早、中、晚三个高峰时间段。在检修调压器前需要进行一些准备工作，在确认下列情况后才能开始检修工作：

（1）启用备用调压器；

（2）确认待修调压器的进、出口阀门已关闭严密；

（3）如果是单路供气的调压器，需要采取一些补气措施保证下游管网保持正压；

（4）检修所用的密封件、易损件齐全且完好；

（5）如果调压器的螺栓锈蚀严重，需要提前涂抹除锈剂，保证检修过程中能够正常拆卸。

4. 拆卸及组装

调压器拆卸前需要放散调压器管段内的燃气。如果是在调压站内检修，需要连接放散软管将燃气引至室外安全处，不能对着门窗或者有火源的地方直接排放燃气。

调压器重量较大，在拆卸时会用到吊装工具，使用吊装工具时应注意以下几点：

（1）起吊前需要确认吊装带承重大于调压器重量且完好，滑轮组转动灵活；

（2）吊装绳与调压器应连接牢固，保持稳定；

（3）起吊时，应缓起、缓转、缓移，并保持平稳，移动过程中应注意防止碰撞到操作人员及其他的设备设施；

（4）拆卸下来的调压器应放置于宽敞、平坦、适于检修操作的场地；

（5）调压器不得与地面直接接触，应在调压器下面应垫有衬垫，并应做支撑，防止晃动。

在拆卸调压器时应注意以下几方面内容：

（1）拆卸阀盖、阀芯等部件前应用粉笔画线，做好装配记号。

（2）拆卸时应采用十字对角顺序依次拆卸螺栓；拆卸螺栓、阀芯等零部件时，需要在零部件上垫好衬垫，保护好零部件表面，拆卸过程中不得用金属工具使劲敲打调压器零部件。因调压器内置有弹簧，在拆卸时尤其要小心弹簧将阀盖弹起伤及操作人员，需要采取一些防护措施。

（3）拆卸下的零部件应轻拿轻放，不得抛摔，应该顺序码放在衬垫上，不能直接放置在地面上。

调压器拆卸完成后需要检查、清洗、更换零部件，主要注意以下几方面内容：

（1）检查阀座、阀芯磨损情况，如磨损严重导致调压器无关闭应更换阀口组件或调压器；

（2）清除阀腔内部杂质，清洗阀口及所有零部件，清洗完成后表面不得存有污物；

（3）检查弹簧弹性，运动部件的灵活性，并更换已失效零部件；

（4）吹扫信号管，并更换指挥器上的滤芯；

（5）如果调压器内置切断功能，也需要与调压器的零部件一同进行检查、清洗并更换失效的零部件。

在清洗、检查或更换损坏零部件的程序完成后就可以进行调压器的组装了。在组装时应注意以下内容：

（1）在组装调压器信号管、丝扣、密封圈等内部零部件以及涂抹黄油时不得戴手套，防止手套上的棉织物粘到阀口上，影响阀门的密封性；

（2）应在没有运动部件的密封口处均匀涂抹密封脂，动态密封口（如阀杆）处均匀涂抹润滑脂，阀口处严禁涂抹密封脂或润滑脂。这样做是因为没有运动部件的密封口主要是密封性能，因此需要涂抹密封脂，而动态的密封口因其要保证组件的运动顺滑无阻碍，需要涂抹润滑脂；

（3）组装调压器应按后拆先装的顺序进行，安装时应对正标记，组装阀口组件时应避免磕碰；

（4）各零部件应正确安装，所有运动件应灵活运动且不存在摩擦现象；

（5）安装螺栓时在螺栓上均匀涂抹黄油，按照十字对角顺序依次拧紧。

5. 调试启动

调压器检修完成后应达到的完好标准是：

（1）外观清洁无污物，调压器及支架漆膜完好无锈蚀；

（2）调压器出口压力和关闭压力等性能指标符合规定要求；

（3）调压器启动时应对所有拆卸过的接口处进行泄漏检测，无泄漏为合格，如发现泄漏，应修复泄漏部位，检测合格后方可投入运行。检修完毕后需要对检修用的相关工具、设备进行检查清点，防止遗漏。

达到以上要求后还需要对检修过的调压器进行值班观测，一般为2h或一个高峰时段调压器运行没有问题后操作人员才可以撤离。

因为切断阀、燃气安全放散阀的构造原理与调压器近似，检修工作可以参照调压器的检修执行。

3.2.4　过滤器

过滤器是分离燃气气流夹带的杂物（灰尘、铁锈和其他杂物），保护下游管道设备免受损坏、污染、堵塞的组件，滤芯式过滤器如图3-9所示。过滤器的维护、检修工作主要包括滤芯、密封圈等易损件的更换，快开盲板及其安全联锁装置检查和维护，零部件清洗、除锈、润滑，仪表及安全阀检查、差压表信号管吹扫及过滤器外表面及支架的维护等内容。

1. 分类

过滤器有以下几种分类方式：

（1）按结构形式可分为：Y形（Y）、角式（J）、筒式（T）；

（2）按安装形式可分为：立式（V）、卧式（H）；

（3）按接口端面形式分为：螺纹连接、焊接连接和法兰连接；

（4）按壳体材料分为：碳钢、低合金钢、不锈钢、铸铁、铜及铜合金、铝合金；

（5）按工作方式可分为：普通式、快开门式（K）；

（6）按滤芯数量可分为：单滤芯、多滤芯（D）；

（7）按过滤精度可分为：$0.5\mu m$、$2\mu m$、$5\mu m$、$10\mu m$、$20\mu m$、$50\mu m$、$100\mu m$；

（8）按工作温度范围可分为：Ⅰ类$-10\sim+60℃$，Ⅱ类$-20\sim+60℃$；

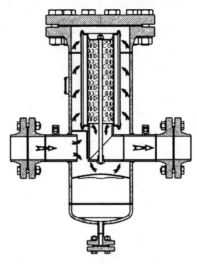

图 3-9　滤芯式过滤器

（9）按最大允许工作压力可分为：0.01MPa、0.2MPa、0.4MPa、0.8MPa、1.6MPa、2.5MPa、4.0MPa、6.3MPa、10.0MPa。

2. 检修准备

在对过滤器进行维护、检修时，需要提前做好以下准备工作：

（1）检查操作平台，确认操作平台牢固稳定。

（2）启动备用过滤器并观察压力表、差压表的示数，确认备用过滤器运行正常后关闭待检修过滤器进出口阀门。

（3）如螺栓或丝杠锈蚀严重，需要提前涂抹除锈剂。

（4）准备好滤芯、密封圈等备件，并确认完好。

（5）放散检修段内的燃气，室内过滤器放散时需注意气体应排向室外安全处。放散至表压为零后，需要关闭过滤器手动放散阀门，静置 5min，观察压力表示数保持在零位才能进行下一步操作。否则，可能是阀门关闭不严等原因造成，需要先排除故障。

（6）检修较大型过滤器时，需要用氮气置换燃气，氮气瓶属于压力容器，在使用时注意事项：使用前应检查氮气瓶，瓶身应为黑色，瓶阀、瓶帽、防振圈等安全附件应齐全、完好；气瓶应直立摆放，并应有可靠的防倾倒措施；瓶内氮气不得用尽，瓶内余压应大于 0.05MPa。

3. 更换滤芯

开启快开盲板或顶盖操作时按以下步骤操作：

（1）操作过程中手动放散阀门应为开启状态。

（2）操作人员不得正对操作面。

（3）卡箍式和三瓣式快开盲板开启前应先旋松止动栓或排气螺栓，若无气体排出，方可进行下一步操作。否则，应立即拧紧止动栓或排气螺栓，继续放散，并查明原因，排除故障。

（4）拆卸法兰螺栓式过滤器顶盖时应做好位置标记，拆卸螺栓时应采用十字对角依次拆卸。

（5）快开盲板或顶盖开启后，应检查、清洗过滤器顶盖或快开盲板密封圈、排气螺栓及报警螺栓密封圈，如存在破损或变形应更换。快开盲板或顶盖如存在下沉、偏离正位的现象需要及时调校。检查快开盲板的开启关闭和转动灵活性，并对零部件、快开盲板与卡箍的接触面和卡箍内侧除锈润滑，所有密封口处均匀涂抹专用密封脂。

（6）顶盖复位或快开盲板关闭应注意以下内容：三瓣式快开盲板关闭时应将安全卡板上方槽孔与安全销完全套好，再旋紧排气螺栓；LKT 锁环式快开盲板关闭时应先将镶块安装到位，再旋入报警螺栓；法兰螺栓式过滤器顶盖复位时应按照位置标记准确复位，安装螺栓时应采用十字对角依次拧紧。

更换滤芯及过滤器检查注意以下事项：

（1）滤芯取出后应清洁过滤器腔体内部，并对滤芯进行检查，如滤芯变形、损坏、堵塞严重或滤芯密封垫脱落应更换。

（2）过滤器清理出的杂质和更换下来的滤芯应装入密封袋集中处理。

（3）吹扫过滤器差压表信号管。

（4）应检查过滤器外表面，如存在油漆剥落、起皮、锈蚀等现象应清除锈蚀并补漆。

4. 置换通气

过滤器检修完成后置换及通气时注意以下事项：

（1）过滤器检修完毕后，应进行天然气置换，放散口天然气浓度大于 90%VOL 为合格。

（2）过滤器置换完毕后应进行泄漏检测。次高压（含）以上过滤器升压应缓慢逐步进行，应在压力每升高 0.5MPa 时对所有接口处进行检测，无泄漏方可继续升压。升压过程中如发现泄漏，应停止升压，修复泄漏部位。检测合格后方可投入运行。

（3）升压过程中应检查快开盲板安全联锁装置，如未达到锁止位置，应停止升压，进行调整或更换。

3.2.5 阀门

阀门是启闭管道通路或调节管道内介质流量的装置。如果阀门操作、维护保养不当会导致阀门关闭不严，给下游设备维护检修工作带来问题。因此，应该对阀门进行维护保养等工作。

1. 阀门分类

阀门分类如表 3-5 所示。

阀门分类   表 3-5

序号	分类方式	类别
1	通用分类方式	球阀(图 3-10)、闸阀(图 3-11)、蝶阀(图 3-12)、截止阀、止回阀、安全阀等
2	按用途分类	切断阀、调节阀、止回阀、分配阀、安全阀等
3	按操作方式分类	手动阀、气动阀、电动阀、液动阀、气液联动阀
4	按连接方式分类	法兰连接阀、丝扣连接阀、焊接连接阀
5	按压力分类	高压阀、低压阀
6	按材质分类	铸铁阀、铸钢阀、锻钢阀、塑料阀等

2. 启闭操作

阀门在启闭操作过程中应注意：

（1）关闭球阀时手轮（手柄）向顺时针方向旋转，开启球阀时

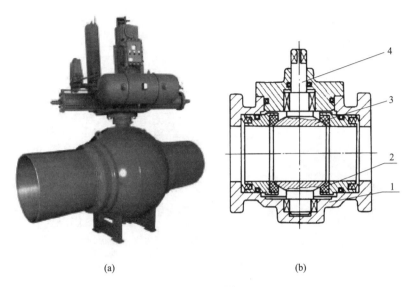

(a)　　　　　　　　　　　　　(b)

图 3-10　球阀

（a）球阀外形；（b）固定球式球阀

1—阀体；2—密封圈；3—球体；4—阀杆

手轮（手柄）向逆时针方向旋转。

（2）启闭球阀时，应缓开缓关，均匀用力，连续完成。

（3）手轮（手柄）直径（长度）小于或等于 320mm 时，只允许 1 人操作。手轮（手柄）直径（长度）大于 320mm 时，允许 2 人共同操作。

在通气时，大口径阀门由于两侧存在着较大的压力差，直接开启阀门会损伤阀门，因此需要借助阀门跨接装置开启阀门。跨接装置主要有三种，启闭有手柄的球阀必须全开或全关到极限点，应回转手轮 1/2～1 圈，消除螺杆应力。

开启有Ⅰ类、Ⅱ类平衡跨接装置的球阀应按图 3-13 及图 3-14 所示跨接阀门操作示意图执行以下操作：

（1）确认主阀及平衡控制阀处于全关状态；

（2）开启放散阀；

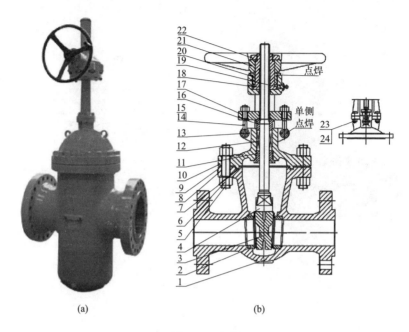

图 3-11　闸阀

（a）闸阀外形；（b）闸阀剖面

1—阀体；2—阀座；3—闸板；4—阀杆；5—螺柱；6—螺母；7—垫片；8—铭牌；

9—铆钉；10—阀盖；11—上密封座；12—填料；13—圆柱销；14—活节螺栓；

15—螺母；16—填料压套；17—填料压板；18—阀杆螺母；19—油嘴；20—阀杆

螺母压盖；21—手轮；22—锁紧螺母；23—螺栓；24—螺母

（3）缓慢开启平衡控制阀；

（4）当主阀前后两侧压力平衡时开启主阀；

（5）关闭平衡控制阀；

（6）关闭放散阀。

开启有Ⅲ类平衡跨接装置的球阀应按图 3-15 所示跨接阀门操作示意图执行以下操作：

（1）确认主阀及平衡控制阀处于全关状态；

（2）开启下游放散阀；

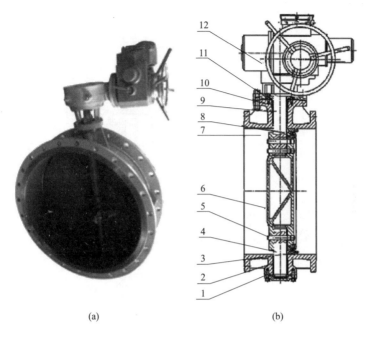

(a)　　　　　　　　　　　(b)

图 3-12　蝶阀

（a）蝶阀外形；（b）蝶阀剖面

1—阀体；2—轴承；3—阀体密封圈（阀座）；4—下阀杆；5—椎销；

6—蝶板；7—密封圈压板；8—蝶板密封圈；9—上阀杆；

10—密封填料；11—填料压盖；12—电动执行器

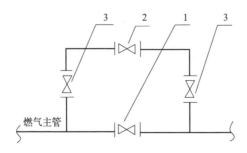

图 3-13　跨接阀门操作示意图（Ⅰ类）

1—主阀（球阀）；2—平衡控制阀；3—放散阀

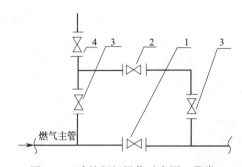

图 3-14　跨接阀门操作示意图（Ⅱ类）

1—主阀（球阀）；2—平衡控制阀；3—放散阀；4—放空阀

（3）开启上游放散阀；

（4）当主阀前后两侧压力平衡时开启主阀；

（5）关闭两侧放散阀。

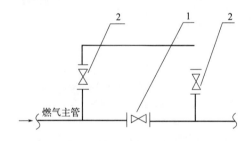

图 3-15　跨接阀门操作示意图（Ⅲ类）

1—主阀（球阀）；2—放散阀

3. 阀门电动装置启闭操作

有些阀门带有电动执行机构，可以实现对阀门的远程操控。这类阀门启闭操作分为三种形式，第一种为本地手动操作，第二种为本地电动操作，第三种为远程电动操作。分别按以下程序进行操作：

（1）本地手动操作应按以下步骤操作：

1）将控制单元转换开关转到"0"位；

2）将手轮中间按钮按压到最低位置后松开；

3）用手轮（手柄）控制球阀开关。球阀启闭操作参照手动球阀操作要求；

4）球阀启闭操作完毕后，将控制单元转换开关拨到 Local（就地）进行开或关操作，"手动/电动切换杆"会自动恢复到电动位置，如需再次手动操作，仍需再次重复以上操作。

（2）电动球阀本地电动操作应按以下步骤操作：

1）确认电源已接通；

2）将控制单元转换开关拨到 Local（就地）位置；

3）按压控制单元的"开启"或者"关闭"按钮，执行器会进行开和关动作；

4）球阀开关过程中观察电动执行机构上的显示屏，全开显示"100％"，全关显示"0％"；

5）如果三相电源失效或者电动执行器故障不能启动，则采用本地手动操作完成球阀启闭。

（3）远程电动操作应按以下步骤操作：

1）将控制单元转换开关拨到 Remote（远程）位置；

2）DCS 控制室可以对执行器进行远程"开启"和"关闭"的指令操控；

3）如果三相电源失效或者由于电动执行器故障不能启动，则采用本地手动操作完成球阀启闭。

4. 阀门更换

（1）更换前准备工作

根据阀门安装方案，备齐有关技术资料；

备齐相关工具：扳手、改锥、钳子、扁铲、钢锯、手套等；

备齐相关材料：润滑脂、垫片等；

仔细检查阀门在运输途中未受损，油封纸或保护完好，法兰水线完整；

确认阀门启闭状态（球阀应处于全开状态，闸阀、蝶阀处于全关状态）；

均匀地拧紧在运输搬运过程中松动的螺母；

安装吊环螺栓应完好无松动；

确认阀门球阀铭牌上的公称压力和阀门侧面铸字与管道压力相符（管道压力应低于阀门的公称压力）；

确认阀门手轮（手柄）启闭指示旋向与实际相符；

电动执行机构应按说明书要求确认动力部分正常。

（2）阀门拆卸

将阀门、调长器两端管线搭接电位平衡线；

根据实际需要采用吊装设备将旧阀门吊住；

按对角线方向松螺母；

取下所有螺母，除球阀两侧法兰最上端螺栓保留外，拆下其余螺栓；

推下一条调长器拉杆，再收紧调长器拉杆螺母，留出阀门活动余量；

将球阀最后几根螺栓取下，人工推动阀门使之活动，将旧阀门匀速移开。

（3）阀门安装

清理管道上的法兰及水线，均匀涂抹润滑脂；

去除新阀门端盖，清洁端面的油脂。清理、擦拭新阀门两侧法兰及水线；

在石棉法兰垫片双面均匀涂抹润滑脂，禁止戴手套涂抹润滑脂；

将新阀门安装到位，严禁通过手轮吊装。对正法兰孔，注意按介质流向安装；

在阀门与管线的连接法兰处搭接电位平衡线；

在阀门两端法兰分别穿螺栓，当螺栓穿到一半加入法兰垫片，法兰垫片应均匀压住水线；

将剩余螺栓穿到位；

松开调长器拉杆，使调长器拉杆处于自然状态；

用十字交叉法对螺栓进行紧固，对角均匀紧固螺母参考图如

图 3-16 所示。

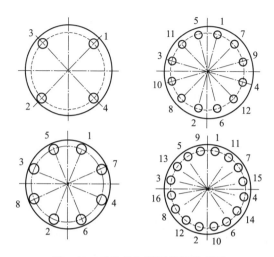

图 3-16　对角均匀紧固螺母参考图

3.2.6　加臭装置

1. 准备工作

由于加臭剂有一定的毒性，因此在检修过程中操作人员要做好防护工作。需要穿戴防毒物渗透的防护服，戴防护手套、穿绝缘鞋、戴护目镜、戴自吸过滤器防颗粒物呼吸器（最好为全面罩式）。检修加臭装置需要准备的工具主要有活扳手、内六角扳手、机油容器等，材料主要有加臭剂专用除味剂、抹布、黄油、塑料袋等，仪器主要有加臭剂检测仪、可燃气体检测仪、对讲机等，所用的检测仪均为防爆型。

2. 检修

（1）控制器

控制器与现场流量计信号数据比对调校，保持数据基本吻合。保证打印数据与设定数据的一致性和打印时间间隔的准确性。更换控制器保险丝。对控制器按键、开关、显示屏进行检修，保证控制器灵敏、正确、反应迅速、显示清晰、数据字母正确完整。控制器接线正确牢固，线间距符合要求。

（2）储罐

检查罐体严密性，各个接口处连接紧固、可靠无泄漏。储罐外表面无明显缺陷、清洁、危险警示标志清晰。静电跨接线、避雷线等应完整牢固。罐体基础牢固、可靠、无锈蚀。储罐液位计磁翻板翻转随高低液位变化全程灵敏自如，液位指示正确，显示清晰，无泄漏。储罐呼吸阀（或阻火呼吸器）开启压力在 $50\sim90kPa$，吸气压力小于$-2kPa$。

（3）加臭泵

按加臭泵使用说明书更换隔膜片。标定管检修或更换时，应关闭标定管上下阀门，对标定管进行拆卸、清洗、检修或更换，标定管维修或更换后玻璃管内应清澈透明，刻度清洗明显，进出药剂流畅，外部无任何泄漏。应保证在加臭泵最高压力时无泄漏，有泄漏或渗漏的地方，应对其进行紧固，必要时更换连接管件或密封材料。有埋地隐蔽管线时应借助管线阀门组的压力表进行保压和检漏测试。加臭泵检修时应做打回流操作，加臭泵每周应做一次单次输出量的标定。具体的操作方法后面有详述。在检修阀门及连接管道时，应关闭加药阀和回流阀，在运行加臭泵到最高输出压力时观测压力变化情况，发现有泄压现象时应及时查找漏点并检修。

加臭泵输出量检验：在燃气管网最高压力下（正常运行值）关闭出料阀，打开标定阀，测量标定管内药剂输出量，对加臭泵输出量进行标定，通常取三次测量标定管内药剂输出量的平均值除以加臭泵的运行次数作为加臭泵的单次输出量标定正值。

3. 现场清理

在加臭装置检修完成后，应对全部工具、仪器进行消除加臭剂气味的操作。作业过程中遗撒的臭液必须用专用除味剂处理后用塑料袋进行封装。专用除味剂使用完毕后的空包装物、使用过的抹布需与其他臭液污染物一同集中处置，不得随意丢弃。

3.3　调压站（箱）启动、停运

1. 作业准备

（1）工具设备：调压器专用工具、黄油、可燃气体检测仪、压力测试仪器、灭火器等；

（2）作业区域巡视：用警示带、锥筒等划出作业区域，设置提示标志，对放散口周边的建筑物进行巡视，提示门窗关闭、空调室外机停运等防护措施；

（3）调压站（箱）内设备完好，手轮手柄齐全、放散阀、压力表经过校验，有机械封印或标识牌。

2. 进站启动

（1）缓慢开启进调压站（箱）总阀门；

（2）依次开启调压站（箱）内一路调压装置的进口阀门、出口阀门，如调压器信号管上有阀门也须开启；

（3）调节调压器出口压力，持续观测一段时间，调压器运行稳定，无喘振等现象；

（4）关闭调压支路出口阀门，测试调压器关闭压力；

（5）开启调压支路出口阀门，再开启出调压站（箱）总阀门；

（6）若调压站（箱）内有多路调压支路，按照以上步骤依次启动；

（7）对调压站（箱）内所有设备进行泄漏检测；

（8）检查调压站（箱）内所有压力表、记录仪、远传监控设备是否运行正常，如有防爆风机，须将防爆风机调整为自动模式；

（9）值班观测一段时间，推荐为一个午高峰或晚高峰，整理使用的工具及仪表，无问题后人员可以撤离。

3.4　调压装置主副路切换

在有两条及以上的调压站（箱）需要定期进行主副路的切换操

作，在周期性启动备用调压器运行时，在备用调压器启动后可再次测试原运行调压器的关闭压力是否正常，若不正常需要及时检修，保证调压器的性能符合要求。主副路切换时应按照以下程序进行操作：

（1）缓慢开启备用调压器进口阀门，再开启该调压支路放散阀门，设定调压器出口压力；

（2）调压器出口压力应在出口压力合格范围内，如超出规定值，应对其调试，直至其符合规定；

（3）关闭放散阀门，测试调压器的关闭压力，调压器关闭压力应符合要求；

（4）开启调压器出口阀门，并对出口压力进行微调；

（5）依次关闭原运行调压器的进口、出口阀门。

3.5　加臭剂加注

如果加药机内没有加臭剂或加臭剂不足，储罐内的药剂在玻璃管底部 100mm 时，就应补充压料、添加药剂。检查压料器连接完好，检查压料器的上料限流阀是否有堵塞，确认压料器完好无误后，关闭上料限流阀。在加药机储罐上检查各阀门的开关状态是否正确，压料上料阀、排空阀、液面计底阀、顶阀及顶阀上盖均完全打开。在室外操作时，应顺风操作；室内操作时，应打开门窗保持通风良好。压料时压力控制在 0.1MPa 以下。料桶压力限制在 0.05MPa 以下。压料完成后，先关闭气源，后关闭限流阀，然后缓慢地松开压料器上锁紧螺钉，使物料桶内的气压泄掉后，尽可能提高尼龙管，使管内残余物料回流到物料桶内，取出储药罐内上料尼龙管，关闭上料阀及排空阀，盖好物料桶盖，放置在安全处。加臭机上料工艺流程如图 3-17 所示。

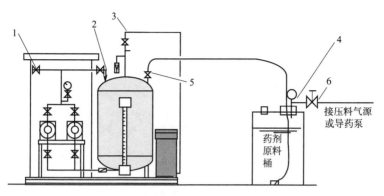

图 3-17 加臭机上料工艺流程

1—加药阀；2—回流阀；3—排空管；4—导药装置；5—上料阀；6—上料限流阀

第4章

液化天然气、压缩天然气和液化石油气厂站

4.1　通用要求

4.1.1　人员要求

作业人员至少需要2名，且人员应培训考核合格后才可以上岗；作业人员身体、精神状况良好；作业人员熟知本岗位作业有关要求。穿符合规定要求的防静电服、工作鞋，作业时需穿低温防护围裙，戴低温防护手套，戴有防护面屏的安全帽，严禁穿带铁钉的鞋。

4.1.2　工具设备要求

工具设备包括：（1）专用防爆（铜制）作业工具：改锥、活扳手、钳子；（2）可燃气体检测仪，设备完好并定期校检，符合防爆要求，电源充足；（3）机动车：车况符合安全行驶要求，按规定检验、维护；（4）可燃气体检测仪。

4.1.3　场所环境巡检要求

场所环境巡检包括以下内容：

（1）厂站内消防车道应保持畅通，无阻碍消防救援的障碍物。

（2）设备间内应整洁卫生，无杂物堆放，设备之间的通道不应有妨碍操作的堆积物。

（3）固定防撞装置应完好有效。

（4）厂站内应储备必要的应急设备、器材，且应齐全有效。

（5）应急物资应配置专用柜或在作业现场指定的存放地点存放。

（6）标志应齐全完好。

（7）消防设施及器材工作状况应正常。

4.1.4　工艺设备巡检要求

工艺设备巡检包括以下内容：

（1）检查现场工艺装置上显示的压力、温度、流量是否正常，现场仪表显示和远传状态是否相符。

（2）查看储气及气化系统、工艺管道、阀门、调压计量装置、加臭装置及其他设备设施工况是否正常，有无异常结霜、冻冰、开裂、变形和锈蚀情况。

（3）检查出液储罐的液位、温度、压力是否正常。

（4）检查增压器的进、出口压力是否正常，表面结霜是否均匀；检测工艺装置、管道、阀门及其连接部位是否存在燃气泄漏；检查所有阀门是否处于正常启闭状态。

（5）检查充气台管线连接处以及充气头密封圈有无松动、裂纹、破损现象。

（6）检查各部位螺丝是否有松动，是否有影响运行的现象。及时紧固松动的螺丝，问题严重时应立即上报并作好记录。

（7）为了使设备能正常运转和延长其使用寿命，应制订定期维护和检修制度，对易损件进行检修及维护更换。日常巡检应注意其启停状态是否异常，运行状态是否平稳。

4.2 液化天然气厂站

4.2.1 分类和组成

  液化天然气厂站为城镇燃气用户提供液化天然气或气态天然气，具备 LNG 卸车、LNG 存储、天然气液化、LNG 气化、LNG 气瓶灌装或 LNG 装车等功能，一般包括天然气液化供气站、液化天然气储配站（图 4-1）、液化天然气气化站（图 4-2）及其组合站。液化天然气厂站是城镇燃气设施的重要组成部分，对城镇天然气的安全、稳定、连续供应和应急调峰、储备具有至关重要的作用。

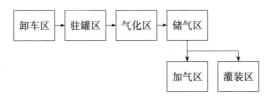

图 4-1　液化天然气储配站工艺流程

图 4-2　液化天然气气化站工艺流程

4.2.2 巡检

  液化天然气性质与纯甲烷相似，属于易燃、易爆、易扩散介质，一旦发生泄漏就会立即吸热、沸腾、气化，形成蒸气云，浓度过高时，会使空气中含氧量明显降低，使人窒息，而在非常低的浓度下（5%～15%）就能起火爆炸，并会迅速向蒸发的液池回火燃烧。液化天然气具有低温特性，若与皮肤接触会造成严重的低温灼伤。对厂站的巡检可以提前发现问题并及时处置。

▶▶ 第 4 章　液化天然气、压缩天然气和液化石油气厂站

　　厂站巡检应包括场所环境的巡检和工艺设备的巡检。场所环境的巡检及通用工艺设备巡检要求见本章通用要求。

　　液化天然气厂站工艺设备巡检主要包含储罐、气瓶、低温潜液泵、装卸车设施、气化器/增压器、BOG 压缩机、管道、氮气供给系统、站控系统及附属设施等。站内调压、仪表等内容参见调压站及计量仪表章节相关内容。

1. 储罐

　　液化天然气储罐是储存液化天然气的设施，属于特种设备，三类压力容器。图 4-3 为液化天然气储罐的结构示意图。

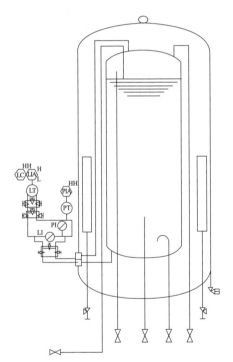

图 4-3　液化天然气储罐结构示意图

　　储罐巡检主要是对储罐周围环境、外观的检查。储罐附近严禁烟火，严禁放置易燃、易爆物品及一切杂物，储罐周围不应堆放任

何物质阻碍通道及操作，保持现场整洁。检查储罐外壁表面，应无凹陷，漆膜应无脱落，且无结露"冒汗"、结霜现象，储罐支腿无开裂、损坏。检查储罐基础是否下沉、倾斜、开裂。检查储罐紧固螺栓完好情况，罐体有无变形。检查储罐外壁消防喷淋管、防雷避雷、防静电接地线情况。对储罐接地电阻进行测量，其电阻值应符合相关标准的规定，并对储罐静态日蒸发率进行常态监测。检查储罐基础、堤结构，堤结构应完好，堤内无积水和杂物。

2. 气瓶

液化天然气气瓶是专门存储液化天然气的可移动小型装置，设计为双层结构，内胆用来储存低温液态天然气，外壳和支撑系统能承受运输车辆在行驶时所产生的作用力。充装后可为 LNG 汽车供气或作为小型 LNG 瓶组气源。图 4-4 为 LNG 气瓶结构示意图。

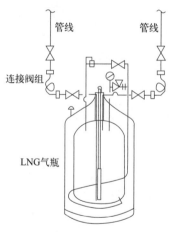

图 4-4 LNG 气瓶结构示意图

液化天然气气瓶充装前需检查气瓶是否是 LNG 气瓶，气瓶是否超过使用年限；气瓶和瓶架是否有被撞击或其他意外变形等，压力表、安全阀等安全附件是否齐全完好，确认 LNG 气瓶是否有余压。检查各阀门手轮是否有松动，增压阀是否关闭，检查静电接地线连接是否完好。如果发现上述情况有不合格时，必须处理完好后才能充装。如果现场不能及时处理,必须把压力降低后放置一旁,待修理好后再投入使用。

3. 气化器

气化器是将低温液态的天然气转化为气体的一种换热设备。常见的气化器类型分为空气加热型、水加热型、燃烧加热型、蒸汽加热型、中间传热流体型。空温式 LNG 气化器是利用空气自然对流加热换热管中的低温液体 LNG 使其完全蒸发成气体的一种换热设备。其主要优点:无能耗、无污染、绿色环保。图 4-5 为空温气化器的连接示意图。

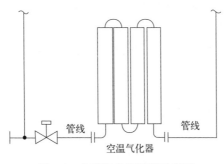

图 4-5 空温气化器连接示意图

气化器的巡检包括如下内容:

(1)巡检时要观察外观结霜情况,如不均匀应及时上报,让相关人员采取进一步的检查、维修或更换措施,避免潜在的安全隐患发展成严重的事故。

(2)日常巡检时需要注意焊口及翅片是否有开裂现象,特别要注意低温液体导入管与翅片和低温液体汇流管焊接处的焊口,焊口应完好。

(3)气化器的静电接地应完成,定时检测接地电阻。维护时测试接地电阻,其接地电阻值应符合相关标准的规定。

(4)气化器外表面应保持清洁,不得将任何物质放置到气化器上面。

(5)气化器的基础要经常观测,发现有下陷或损坏现象时,应及时上报、及时处理。

（6）检查进出口法兰有无泄漏。

（7）定期进行压力、气密性试验，检查气化器是否泄漏。

（8）空温式气化器的表面应结霜均匀，没有鼓泡现象；水浴式气化器的热水温度应保持在规定范围内且运行无异响。

4. 液相管道

液化天然气液相管道的巡检至少应包括下列内容：

（1）巡检时应检查液相管道及保冷层的完好情况，发现泄漏、保冷层表面结霜、结冰、鼓包等情况，应及时处理与消除；

（2）应定期对液相管道的保冷层完好状况进行专项检查，当发现破损、锈蚀严重、保冷状况下降时应及时更换；

（3）应定期对保冷管托的完好状况进行专项检查，当发现异常时应及时处理。

5. 氮气供给系统

氮气供给系统是提供氮气的一套设备和设施组合。它通常包括氮气储存装置（如氮气储罐）、压力调节设备、输送管道、控制阀门以及相关的监测和安全装置等，图 4-6 为氮气供给系统流程图。

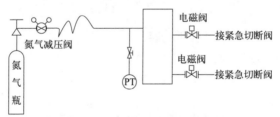

图 4-6　氮气供给系统流程图

氮气供给系统的巡检至少应包括下列内容：

（1）当采用氮气瓶组供气时，各氮气气瓶接口应无泄漏，供气压力应正常，备用瓶组应储气充足；

（2）当采用制氮设备供氮气时，制氮设备应运行良好，氮气纯度应符合运行要求；

（3）当采用制氮设备供氮气时，液氮储罐的保冷效果应良好，无结霜"冒汗"现象，基础应完好，无漏气现象；

（4）对常压罐夹层补氮气时，补气装置应自动可靠。

6. 消防设施

液化天然气厂站一般配备高倍泡沫灭火系统，高倍泡沫灭火系统的巡检至少应包括下列内容：

（1）集液池应完好无破损，池内不得有杂物或积水；

（2）高倍泡沫发生器、泡沫比例混合器、泡沫储罐、泡沫泵、控制柜、控制阀门应完好，压力表、过滤器、管道及管件应无损伤；

（3）泡沫液应在有效使用期内，每年进行1次喷泡沫测试；

（4）泡沫液储存量应大于或等于计算总量的1.2倍；

（5）火灾探测传动系统、现场手动控制装置外观及性能完好；

（6）泡沫液与灭火系统类型、扑救的可燃物性质、供水水质相适应。

4.2.3 故障分类及处理

液化天然气厂站常见故障现象、可能出现的原因及处理方法如表4-1所示。

液化天然气站设施常见故障现象、可能出现的原因及处理方法

表 4-1

常见故障现象	可能出现的原因	处理方法
储罐压力过高	压力表失灵	更换压力表
	充装时槽车增压太快	及时泄压
	增压或降压调节阀故障	检查调整
	储罐保冷性能下降	与厂商联系进行检查
罐体出现冒汗结霜	真空度受到破坏或其他影响储罐绝热性能的故障	与厂商联系进行检查

常见故障现象	可能出现的原因	处理方法
储罐安全阀起跳	储罐超压	及时手动放空,加速泄压,并分析超压原因,问题处理完毕后,建议重新调校安全阀
管路系统安全阀起跳	管路超压	及时打开上下游阀门,平衡压力,问题处理完毕后,建议重新调校安全阀
储罐低温阀门、法兰发生泄漏	阀门填料压盖松动、阀芯关闭故障;法兰泄漏	压紧填料压盖、更换阀芯,低温阀门严禁加油和水清洗;紧固法兰,若紧固不住则关闭该泄漏法兰的上下游阀门,泄压且温度升高后更换垫片
储罐紧急切断阀不能切断	氮气压力过低;电磁阀故障	检查氮气压力是否低于0.4MPa,压力不足需调整压力或更换氮气瓶;应检修电磁阀
储罐氮封调节阀异常	调节阀阀后的压力范围超出0.5~2.5kPa	检查氮封阀阀后压力上限是否过高或调节阀是否出现故障
空温式气化器气化量大、过度结霜	气化器配置不足或液体输入量过大	减少液体的输入量;增加气化器的数量;用热水或其他手段给气化器化霜;停止、切换气化器或使用备用气化器

4.2.4　作业

液化天然气厂站常见作业包括装卸车、装卸瓶组、汽车加气、气瓶充装等,作业应注意以下事项:

(1) 作业前,作业人员应检查作业对象的安全状态和移动式压力容器的完好情况,连接静电接地,必要时放置车辆防溜装置,确保系统与车或罐的连接部位连接紧固。

(2) 在装(卸)液化天然气作业前,应按规程对装(卸)车管进行吹扫。

(3) 作业过程中,作业人员应对流量、压力、温度等参数进行动态监控,不得离开。

(4) 作业时,如发现存在异常情况,应停止作业并按要求进行报告和处置,必要时启动紧急停车装置。

(5) 作业完成后,应对工艺系统状态复位,作好相关记录;并应对作业对象进行泄漏检查,确保无泄漏隐患,以保障作业过程的安全。

（6）气瓶充装作业前，应检查充装对象情况，发现有不符合要求的不得充装。

（7）气瓶充装作业中，应保持充装场所通风良好，操作人员应注意观察有无异常结霜、结露和异响现象，液化天然气充装量不超过气瓶铭牌规定的最大充装量，禁止使用槽车充装气瓶，禁止使用气瓶充装气瓶。

（8）气瓶运输车辆应符合国家有关危险化学品运输规定要求，驾驶人员和押运人员不得违规作业。

1. 槽车卸液

槽车卸液前，现场操作人员应与中控室监控人员对储罐内及槽车的压力、液位值进行核实，确定卸液方式，卸车过程中，应密切监控压力、液位、温度变化，严禁储罐、槽车超压、越液位运行。

车辆就位，完成连接检查及管线仪表检查并确认后，进行槽车增压。打开槽车与储罐气相阀，对槽车与储罐进行平压操作。平压完成后关闭气相阀，打开槽车增压液相阀，同时开启卸车平台气化器增压液相阀门，再开启卸车平台气化器增压气相阀门，同时开启槽车增压气相的排空阀门。置换管内空气，半分钟后关闭排空阀门，打开槽车气相阀门，给槽车增压，直至增至槽车卸车规定压力后卸车。

确认槽车压力增至 0.6MPa，开启槽车液相阀门，先开 1/3，同时开启卸车平台液相阀门开始卸液，观察进液情况及管线进液是否正常。待进液平稳后全开启槽车液相阀，正常卸液。卸液时操作人员在卸车平台观察卸液情况，密切监护。在卸车过程中实时观察储罐液位及压力，储罐液位不超过储罐设计液位的 90%。储罐压力用储罐的上进液阀门或下进液阀门来调节储罐压力，使储罐压力保持在 0.25～0.35MPa。

确认卸液完成后，LNG 槽车司机关闭槽车液相、增压液相、增压气相阀门，站内操作人员关闭液相、增压液相阀门，打开槽车排空阀门，对各卸车金属软管及卸车气化器残液进行排空放散，确认已排空后关闭卸车平台增压气相阀门，关闭槽车排空阀。卸下各卸车金属软管，将金属软管摆放在指定区域，法兰口装盲板封堵好。拆卸软管过程中操作人员应站在管口侧后方，管口禁止对人，卸下软管时周边禁止无关人员逗留。收好接地线，取走防滑三角木。站区操作人员和槽车司机双方交换相关单据签字确认，站内操作人员引导槽车驶离站区，由站内操作人员填写相关记录表。

2. 瓶组更换

当液化天然气瓶组气化站中气瓶的液位读数表达到低限时，需要更换气瓶。

（1）气瓶拆卸

人员完成准备工作后，关闭气瓶增压阀、用气口手动阀（BOG 模式关闭用气口阀，LNG 模式关闭出液口阀），等待气瓶连接软管上的冰霜融化，软管恢复到常温后关闭汇流排上的长杆截止阀、关闭放空口长杆截止阀；用防爆扳手缓慢拧开连接口处的输液连接软管接头，放散软管内剩余气体，再将软管内压力降为常压后完全拧开软管接头并将软管放好；用防爆扳手缓慢打开放空口连接软管接头并将软管放好；摘除气瓶接地线，将气瓶搬离。

在拆卸过程中，如出现阀门冻住无法拧动的情况，正确的处理方法是用温水解冻后再操作，禁止扳手强拧、锤头撞击、用火烘烤。

（2）气瓶安装

人员完成准备工作后，将气瓶摆放到指定位置并将压力表朝向气化器外侧，便于观察压力数值；保证将接地线与气瓶连接好后，用防爆扳手缓慢将输液软管接头与气瓶用气口连接（BOG 模式连接用气口，LNG 模式连接用液口）；确认连接紧固后打开汇流排长杆截止阀；根据下游实际需求压力调节增压阀，并缓慢打开气瓶上连接软管处的手动截止阀；用气体检测仪检查各连接单元有无泄漏，如有泄漏按照拆卸规程关闭各阀门泄压后再次进行安装操作，严禁带压、带液进行操作。

3. 气瓶灌装

液化天然气气瓶灌装应注意以下事项：

（1）灌装前应对液化天然气气瓶逐只进行检查，不符合要求的气瓶不得灌装；

（2）气瓶的灌装量不得超过其铭牌规定的最大灌装量；

（3）灌装完毕后应对瓶阀等进行检查，不得泄漏；

（4）新气瓶首次灌装时，应控制速度缓慢灌装；

（5）灌装秤应在检定有效期内使用，灌装前应进行校准；

（6）不得使用槽车充装液化天然气气瓶。

4.3　压缩天然气厂站

4.3.1　厂站分类和组成

压缩天然气厂站分为压缩天然气加气站、压缩天然气储配站和压缩天然气瓶组供应站。

CNG加气站将由管道引入的天然气经净化、计量、压缩后形成压缩天然气，并充装至气瓶车、气瓶或气瓶组内，以实现压缩天然气车载运输。常见的厂站有：CNG加气母站和加气子站、CNG加气标准站、CNG减压站。图4-7为CNG加气站工艺流程图。

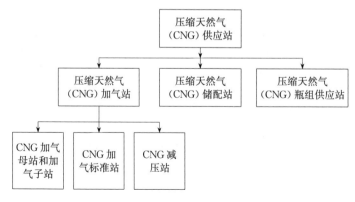

图4-7　CNG加气站工艺流程图

CNG 加气母站将管网中天然气经过滤、调压、稳压、计量、缓冲，进入压缩机，经压缩后进入深度脱水装置后，经槽车加气柱向槽车储气瓶充气，图 4-8 为 CNG 加气母站工艺流程图；CNG 加气子站是建在加气站周围没有天然气管线的地方，采用 CNG 槽车（子站拖车）供给天然气，CNG 加气子站具有卸车、储存、快速充气等功能图 4-9 为 CNG 加气子站工艺流程图。

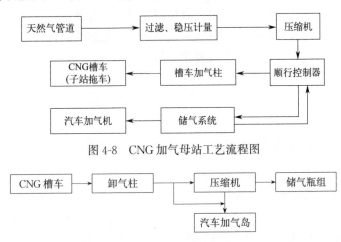

图 4-8　CNG 加气母站工艺流程图

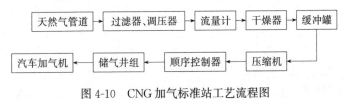

图 4-9　CNG 加气子站工艺流程图

CNG 加气标准站将管网中天然气经过滤、调压、计量、缓冲，进入压缩机，经压缩后进入深度脱水装置后，由程序控制盘进入高、中、低压储气井组，再经加气机向车载储气瓶充气，或直接通过加气机向车载储气瓶充气，图 4-10 为 CNG 加气标准站工艺流程图。

图 4-10　CNG 加气标准站工艺流程图

CNG 减压站将槽车运输来的压缩天然气，经加热、减压后送入区域输配管网，供用户使用，图 4-11 为 CNG 减压站工艺流程图。

图 4-11　CNG减压站工艺流程图

压缩天然气储配站采用压缩天然气瓶车储气（需进行加臭）或将由管道引入的天然气经净化、压缩形成的压缩天然气作为气源，具有储存、调压、计量、加臭等功能，并向城镇燃气区域输配管道输送天然气。

压缩天然气瓶组供气站采用压缩天然气瓶组储气作为气源，具有压缩天然气储存、调压、计量等功能，加臭后向城镇燃气区域输配管道输送天然气。

4.3.2　巡检

1. 储存设施

储存设施一般包括槽车（气瓶车）、气瓶或气瓶组、储气井。

气瓶车是将由管道连成一个整体的多个压缩天然气储气瓶固定在汽车挂车底盘上，设有压缩天然气加（卸）气接口、安全防护、安全放散等设施，用于储存和运输压缩天然气的专用车辆。

气瓶组是通过管道将多个压缩天然气储气瓶连接成一个整体并固定在瓶筐上，设有压缩天然气加（卸）气接口、安全防护、安全放散等设施，用于储存和运输压缩天然气的装置。

储气井是压缩天然气供应站内竖向埋设于地下，且设有压缩天然气加（卸）气接口、安全防护、安全放散等设施，用于储存压缩天然气的管状设备。

储存设施的巡检主要包括以下内容：

（1）查看气瓶组表面有无腐蚀；

（2）检查气瓶组及相关管路连接处有无漏气；

（3）是否有报警信息；

（4）阀门是否漏气；

（5）接地线是否完好。

2. 空气压缩机

加气站中的设备，如压缩机有很多截止阀、单向阀、仪表等都是气动阀，需要用压缩空气来控制阀门的开关及仪表指示等。空压机可能出现的故障和事故有：排气量不足、排气温度不正常、异常响声、过热故障；连杆断裂、曲轴断裂、汽缸或缸盖破裂、活塞杆断裂、空压机燃烧和爆炸事故等。因此需对空气压缩机进行维护检修，确保设备能长期安全运行。对站内空压机的巡检主要包括下列内容：

（1）检查皮带磨损情况，磨损严重的必须上报，及时更换；

（2）检查压力表显示是否正常并记录压力值，检查安全阀是否完好；

（3）检查有无异常振动现象，检查皮带防护挡板是否完好；

（4）使用检测仪及肥皂水检查空气管路是否漏气；

（5）检查空气过滤器工作状态是否正常。

3. 干燥器

干燥器巡检主要包括下列内容：

（1）检查管线阀门有无漏气；

（2）检查仪表数据及指示灯、双塔切换、加热、加压、冷却工作是否正常；

（3）查看露点值是否在正常范围（−65～70℃）；

（4）记录干燥器出口压力。

4.3.3 故障分类及处理

压缩天然气站设施常见故障、可能出现的原因及处理方法如表 4-2 所示。

压缩天然气站设施常见故障、可能出现的原因及处理方法

表 4-2

常见故障	可能出现的原因	处理方法
管路等连接部位漏气	密封失效	更换密封垫片并紧固连接
管路结霜	伴热系统故障	检修锅炉等伴热系统
干燥设备脱水效能下降,露点值异常	吸附分子筛失效	更换吸附分子筛
	循环风机故障	检修循环风机
	吸附塔饱和	切换吸附塔
冬季干燥器再生后无法排水	打开排水阀无法排水	检查检修排水出口防爆电伴热带是否损坏
加气枪不排气或排气速度慢,气枪漏气	管路有杂物	清理杂物
	天气热含水量高,有冰堵	对干燥器进行再生
	加气枪单向阀门开口小	维修或更换单向阀门
	加气软管和加气机连接处的单向阀内部磨损	更换单向阀
	电磁阀未动作	检修加气设备控制系统
	密封圈老化、密封圈冲开、充气头磨损	更换密封圈、重新装好密封圈、联系维修人员更换充气头

4.3.4　作业

操作人员应将装卸台接地线与加气车辆上的导静电装置连接好,方可充装或卸气。

1. 注意事项

移动式压力容器充装作业应进行充装前、充装中及充装后检查;在连接高压胶管准备打开瓶组阀门时,操作人员不得正对操作阀门,加气时不得正对加气枪口,与作业无关人员不得在附近停留。

凡有以下情况之一时,不得进行加气或卸气作业:(1)雷击天

气；（2）附近发生火灾；（3）检查出有天然气泄漏；（4）压力异常；（5）其他不安全因素。

2. 操作内容

充装前操作人员应对车辆加气口、阀门、管道及仪表、加气设备连接软管、阀门、加气枪及仪表进行检查。检查系统连接部位应密封良好，自动联锁保护装置正常，地线连接可靠，存在磨损、变形、泄漏等异常现象不得充装。充装中操作人员需要正确将站内静电接地夹与车辆导静电铜片（静电接地夹）相连；正确将加气软管（加气鹤臂）与车辆快接头相连，并对连接情况进行复查，经检查无误才可进行充装。在充装作业过程中，注意观察流量、压力及温度变化，工作压力不得超过20MPa；在充装作业过程中，对车辆瓶组外观、阀门、管路连接位置进行安全巡视，如遇突发情况立即按下现场紧急关停按钮（ESD按钮），并启动应急预案。

充装作业结束后，站内充装人员按规定方法检查气瓶瓶体、阀门、减压阀及加气软管（加气鹤臂）有无漏气等异常情况。

4.4 液化石油气厂站

4.4.1 分类和组成

液化石油气供应系统如图4-12所示。液化石油气厂站主要包括储存站、储配站、灌装站、气化站、混气站、瓶组气化站和瓶装供应站。

液化石油气储存站由储存和装卸设备组成，以储存为主，并向灌装站、气化站和混气站配送液化石油气，常见液化石油气储配站工艺流程如图4-13所示。

液化石油气储配站由储存、灌装和装卸设备组成，以储存液化石油气为主要功能，以液化石油气灌装作业为辅助功能。

液化石油气灌装站由灌装、储存和装卸设备组成，以液化石油气灌装作业为主要功能。

　　液化石油气气化站由储存和气化设备组成，以将液态液化石油气转变为气态液化石油气为主要功能，并通过管道向用户供气。

　　液化石油气混气站由储存、气化和混气设备组成，将液态液化石油气转换为气态液化石油气后，与空气或其他燃气按一定比例混合配制成混合气，经稳压后通过管道向用户供气。

　　液化石油气瓶组气化站一般配置2个或2个以上液化石油气钢瓶，采用自然或强制气化方式将液态液化石油气转换为气态液化石油气后，经稳压后通过管道向用户供气。

　　液化石油气瓶装供应站是经营和储存瓶装液化石油气的专门场所。

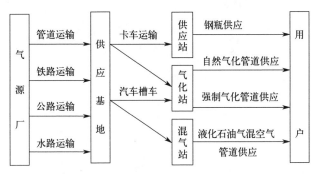

图4-12　液化石油气供应系统

4.4.2　巡检

　　从液化石油气的物理性质看，气态液化石油气密度约为空气的2倍，因此液化石油气泄漏后会积存于低洼处，不利于事故抢险和消除事故。从液化石油气厂站的工艺角度看，由于装卸和灌装过程易发生泄漏及人员流动较多，是重点关注的环节。液化石油气厂站巡检包括场所环境的巡检和工艺设备的巡检。工艺设备巡检主要包含储罐、气瓶、烃泵、压缩机、气化、混气设施等。

1. 储罐

　　根据储存温度、压力，液化石油气储罐可分为常温压力储罐、

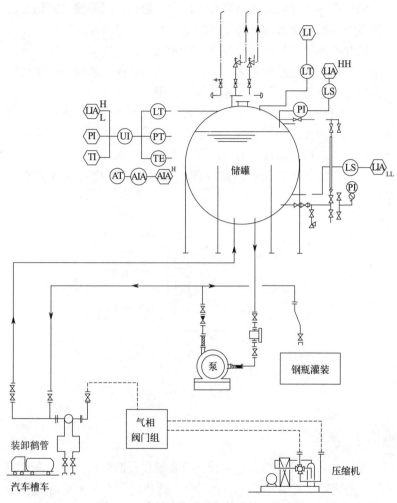

图 4-13　常见液化石油气储配站工艺流程

低温压力储罐和低温常压储罐。常用的类型为常温压力储罐,常温压力储罐按安装位置可分为地上储罐和地下储罐,按形状可分为球形储罐、卧式圆筒形储罐和立式圆筒形储罐。

　　储罐的巡检包括:检查储罐及其管道的保温层、设备铭牌是否完好，外表有无裂纹、变形、腐蚀和局部鼓包；储罐防腐层是否完好，有无变形、鼓包、腐蚀等现象；储罐所有焊缝、承压元件及连接部位有无泄漏；储罐安全附件是否齐全、完好、灵敏、可靠，液位是否正常，液位计和仪表监测值是否一致；储罐工作压力不得高于设计压力，工作温度不得高于设计温度，防冻措施是否完好；储罐的基础有无下沉、倾斜，地脚螺栓、螺母是否齐全完好；储罐柱腿的防火涂料是否出现损坏。

2. 气瓶

气瓶的巡检包括：检查空瓶、实瓶是否分区存放，钢瓶是否直立码放且不得超过两层，钢瓶之间是否留有不小于 0.8m 的通道。钢瓶应周转使用，实瓶存放不宜超过 1 个月。

3. 烃泵

烃泵的巡检包括：检查泵的润滑油箱的油位，设备及管道连接处是否有泄漏，检查进、出口管道上的阀门是否工作正常，进出口压力表数值需符合规定，烃泵各部件的温度需符合规定，烃泵基础上的螺母和压紧装置的螺栓是否松动，联轴器的对中情况是否正常，是否有异常噪声或振动。

4. 压缩机

压缩机的巡检包括以下内容：

（1）检查温度、压力仪表

1）检查吸、排气压力是否在规定范围内。在正常运转中各级压力突然升高时，必须立即用近路阀门调节，如无法调节时需要做停机处理。

2）观察温度表读数是否正常，进口温度异常升高时必须立即停机降温，防止压缩机过热造成损坏。

（2）检查各部件运行是否正常

1）压缩机正常运行中，如突然出现撞击声时，应迅速切断压缩机电源进行紧急停车，否则会扩大影响，严重时可能造成整台机器损坏。

2）严格控制，防止液体带入汽缸，造成汽缸内瞬间压力过高而损坏机器。

3）检查设备及管线是否存在泄漏、振动及相互摩擦等情况。

4）检查机座螺栓是否松动，如有松动，应立即紧固，防止损坏设备基础。

5）开关阀门要缓慢，不要用力过猛，使阀门损坏。

6）压缩机的启动，在 1min 内启动次数不得超过 5 次。

7）检查机身油池中润滑油的油面是否低于规定刻线，如润滑油的油面低于规定刻线时，应及时加注润滑油。

5. 气化、混气设施

充装在压力容器中的液化石油气为气、液两相共存状态。在一定的温度下，压力容器内的液相气化和气相液化正好达到平衡，即容器内的液化石油气既不气化也不液化，这种状态称为平衡状态。气化、混气装置的运行维护包括下列内容：

（1）气化、混气装置开机运行前，检查工艺系统及设备的压力、温度、热媒等参数，确认处于正常状态后，方可开机；

（2）运行中填写压力、温度、加热介质运行数据，当发现泄漏或异常时，应立即进行处理；

（3）应保持气化、混气装置监控系统的正常工作，严禁超温、超压运行；

（4）电磁阀、过滤器等辅助设施应定期清洗维护，排残液、排水装置应定期排放，排放的残液应统一收集处理；

（5）气化器、混合器发生故障时，应立即停止使用，同时应开启备用设备，备用设备应定期启动运转；

（6）以水为加热介质的气化装置应定期按设备要求加水和防锈剂。严寒和寒冷地区应采取有效措施防止冻胀。

4.4.3 故障分类及处理

液化石油气设施常见故障、可能出现的原因及处理方法如表4-3 所示。

液化石油气设施常见故障、可能出现的原因及处理方法 表 4-3

常见故障	可能出现的原因	处理方法
储罐与管道连接处泄漏	储罐超压	打开安全阀泄压
	法兰垫片失效	更换法兰垫片
灌装台超压充装	介质进口压力过高 压力表失效	关闭进口阀门 定期检验压力表并及时更换
泵体出现异常声音、电动机组运行不正常或产生剧烈振动	地脚螺栓松动、泵轴弯曲、电动机和泵体中心线不对中	应紧急停车，先停电动机，再立即关闭泵的出口阀门，按规程对泵进行维护
压缩机出口温度过高	冷却系统故障	立即停机降温
压缩机连接管线异常振动	固定松动或支撑件不足、因压力脉动引起共振、管线固定因膨胀被破坏、管架振动大	立即停机，按规程对压缩机进行维护

4.4.4 作业

1. 钢瓶灌装

钢瓶灌装一般按以下步骤进行：

（1）打开车间总电源，启动转盘及输送线，观察运转情况。

（2）打开电子灌装秤、电子台秤电源开关，接通电源后，仪表初始化完成后，开始逐台检查，灌装秤、电子台秤是否在正常称重状态（如仪表显示不在零点，按"清零"键，使其处于正常称重状态）。

（3）以上操作无误并检查正常后，停止转盘。

（4）启动烃泵。

（5）当液化石油气压力达到 0.9MPa 以上时，开始灌装。

（6）上枪时必须保持灌枪轴向与转盘相切。

（7）将钢瓶瓶口背对灌装秤，必须先上枪，后开角阀，最后按下灌装按钮开始灌装。

（8）钢瓶灌满后，下枪时必须先关角阀，后下枪，然后将灌装枪从角阀上摘下。

2. 槽车装卸

槽车装卸一般按以下步骤进行：

（1）充装和卸液作业前应接好防静电接地线，将装卸臂的液相充装管和气相返回管与槽车液相、气相快速接头相连接，装卸臂和槽车的快速接头必须连接牢固。

（2）用手动机械牵引或液压操作，使槽车紧急切断阀处于全开启状态。然后通知装、卸车操作人员开启装卸臂液相充装及气相返回阀门，这时先打开罐车气相返回阀，再缓缓打开液相装卸球阀，阀门开启速度过快容易引起紧急切断阀过流关闭。

（3）开启压缩机或装、卸液泵，开始进行装、卸液作业。流速不能太快，否则容易引起紧急切断阀过流关闭。

（4）装卸工作结束后，转紧液面计阀芯。关闭气相阀、液相阀，释放紧急切断阀操作手柄，将阀杆复位，即关闭紧急切断阀。

（5）关闭装卸臂快速接头前球阀，再打开罐车充装箱内泄压阀，将快速接头管内压力泄掉，然后卸下气、液相管。卸下防静电接地线、防滑块。

（6）充装完毕必须复检充装重量，如有超装时必须进行卸载操作，严禁超装罐车驶离充装单位。

第 5 章

用户设施

5.1 概要

天然气一般以管道形式供给用户，液化石油气分为管道供气和钢瓶供气两种形式。

管道天然气用户设施一般由用户引入管、立管、水平干管、用户支管、燃气计量表、燃具和用气设备、燃具连接软管、给排气装置和安全附属装置等组成。引入管是指用气建筑室外配气支管与所供气立管、水平干管或单独用户支管的燃气进口管总阀门之间的管道。安全附属装置一般包括紧急切断、超压、欠压和过流切断、安全放散等装置及燃气泄漏报警器等。

瓶装液化石油气供气设施一般由钢瓶或瓶组、调压器、自动切换阀、汇流排、燃具和用气设备、燃具连接软管和安全附属装置等组成。

用户设施运行维护的目的是保证管路畅通且无泄漏、阀门开关灵活、燃气表计量准确、燃具燃烧正常等，以延长管道及设备的使用寿命，确保安全可靠供气。

5.2 巡检

5.2.1 检查周期和主要内容

  燃气供应企业需对用户设施定期检查，并对用户进行安全用气的宣传。检查周期符合相关标准要求。

  巡检的检查对象应包括用气场所、用户管道、阀门、计量表、燃具和用气设备、燃具连接软管、给排气装置等。在日常巡检中，如发现异常情况，应尽快处理，查明原因并修复。入户检查应作好检查记录。

5.2.2 管道燃气用户

  居民用户的巡检重点主要包含用气场所、引入管、管道、阀门、计量表、燃具、燃具连接软管等，非居民用户还应检查计量间的情况。管道燃气用户检查内容如表 5-1 所示。

管道燃气用户检查内容　　　　　　表 5-1

序号	检查项目	检查内容
1	用气场所	房间不住人，无易燃易爆品存放，通风良好，具备给排气条件，不设置两种及以上的燃料，燃具未设置在密闭房间、卧室、卫生间、车库、储藏间
2	引入管	无占压，引入管无锈蚀、沉降，无泄漏，无违规暗埋暗封，无私改私接，引入管稳固
3	管道	无泄漏，无锈蚀(重点检查管道敷设在水池下方)。管道稳固，无重物搭挂，无包封，未作为电器接地线。管道沿途无易燃易爆品、无腐蚀性介质。管道未设置在发电间和变配电室等设备用房内；管道未设置在卧室、客房、宿舍及更衣室等有人员居住或休息的房间内；管道不穿卫生间、电梯井、高层建筑中的避难间、空调机房、通风机房、计算机房等设备机房；管道不穿电力、电缆、暖气和污水等沟渠；管道不穿烟道、进风道和垃圾道等场所
4	阀门	无泄漏，阀门灵活、能正常操作使用、部件齐全

序号	检查项目	检查内容
5	计量表	机械封印完好,指针或读数正常
6	计量间	计量间不住人,无易燃、易爆、易腐蚀物质,无堆放杂物,通风采光良好
7	燃具连接软管	软管为合格产品,无老化,无泄漏,长度不超过 2m,无穿墙、穿楼板、穿顶棚、穿门窗等情况,无接头或三通,软管稳固
8	燃具	燃具为合格产品,无泄漏,无包封,燃具带熄火保护装置,灶具上部有排烟罩

5.2.3　瓶装液化石油气用户

瓶装液化石油气用户日常巡检重点主要包括用气场所、气瓶、阀门、调压器、燃具、燃具连接软管等,瓶装液化石油气用户检查内容如表 5-2 所示。

瓶装液化石油气用户检查内容　　　　表 5-2

序号	检查项目	检查内容
1	用气场所	房间不住人,无易燃易爆品存放,通风良好,有给气排气条件,不设置两种及两种以上的燃料; 气瓶、燃具不应设置在地下室、半地下室、密闭房间、高层建筑、卧室、卫生间、车库、储藏间内; 公共用餐区域、大中型商业建筑内的厨房不应设置气瓶
2	气瓶	气瓶为合格产品,气瓶和接口无泄漏; 居民用户不应使用和存放最大充装量大于 14.8kg 规格的气瓶,多户类型住宅建筑的每套住宅内不应设置超过 1 个气瓶,单户类型住宅建筑套内不应设置超过 2 个气瓶,且每个用气房间内不应设置超过 1 个气瓶; 商业用户使用和存放气瓶的最大充装总量不应超过 100kg,气瓶总数量不应超过 3 个,每个用气房间内设置气瓶的最大充装量不应超过 50kg,气瓶数量不应超过 2 个; 不应使用气液双阀瓶或单阀液相瓶; 气瓶应直立放稳、放平,不应卧放、倒立使用; 气瓶远离明火和高温,不得对气瓶进行加热; 气瓶上不应摆放杂物,气瓶与灶具外侧的距离不应小于 0.5m

序号	检查项目	检查内容
3	调压器	调压器为合格产品,无泄漏,调压器出口压力不可调节,调压器安装到位且工作正常
4	阀门	无泄漏,阀门灵活、能正常操作使用、部件齐全
5	燃具连接软管	软管为合格产品,无老化,无泄漏,长度不超过 2m,无穿墙、穿楼板、穿顶棚、穿门窗等情况,无接头或三通,软管稳固
6	燃具	燃具为合格产品,无泄漏,无包封,燃具带熄火保护装置,灶具上部有排烟罩

5.3　设备维护

室内燃气管道及附件、燃气表投入运行之后,由于安装质量、产品质量、使用方法、腐蚀原因和设备的有效使用期限等因素的影响,室内燃气管道及附件、燃气表会发生故障,影响用户的正常使用,有的会造成事故的发生。当设备材料达到判废标准时应进行更换作业,一般步骤为作业准备、关阀和吹扫置换、更换操作、通气。

5.3.1　作业准备

1. 人员准备

确定作业人员,作业人员应具备上岗资格,作业人员至少2名。

2. 劳动保护用品准备

穿戴符合规定的防静电工作服、防静电鞋、棉线手套等,并佩戴胸卡,持证上岗,禁止使用沾有黄油的手套进行操作。

3. 工具、设备准备

作业工具、作业材料:使用非铜质工具应涂有黄油。工具、材料符合使用的要求,不同作业需要的作业工具和材料如表 5-3 所示。作业时应配备灭火器,灭火器应在有效期内。

电气设备:防爆照明灯或防爆手电功能完好,电量充足。防爆对讲机应保证完好有效，电量充足。

检测仪器：可燃气体检测仪电量充足，并在校验有效期内。U形管无破损，其连接软管无漏点。电子压力计在校验有效期内，准确度等级和量程符合作业要求。

作业工具和材料　　　　　　　　表 5-3

作业名称	作业工具	作业材料
更换引入口阀门	管钳、活扳手、套筒螺丝刀、钳子、毛刷、冲击钻、手锯、放散软管、发泡剂、扁铲、扁头撬棍等	钢垫、黄油、法兰阀门、螺栓、螺母、喉箍等
更换居民用户分段阀门和活接头	管钳、活扳手、螺丝刀、钳子等	球阀、管件、密封填料等
更换用户表前阀门	管钳、活扳手、螺丝刀、钳子等	球阀、管件、密封填料等
更换非居民用户过滤器	管钳、活扳手、套筒螺丝刀、钳子、毛刷、手锯、放散软管、扁铲、扁头撬棍等	过滤器、球阀、对丝、法兰盘、螺栓、黄油等
更换居民用户燃气表	管钳、活扳手、套筒螺丝刀、钳子、毛刷、冲击钻、手锯等	燃气表、表接头、表垫、表托、膨胀螺栓、密封填料、球阀、对丝等
更换非居民用户燃气表	管钳、活扳手、套筒螺丝刀、钳子、冲击钻、手锯、放散软管、扁铲、扁头撬棍等	燃气表、表接头、表垫、表托、膨胀螺栓、密封填料、球阀、对丝、法兰盘、螺栓等
更换居民用户灶前球阀	管钳、活扳手、螺丝刀等	球阀、密封填料等
安装自闭阀	管钳、活扳手、螺丝刀等	自闭阀、密封填料等
更换居民用户燃具连接软管	管钳、活扳手、螺丝刀、铁丝、钳子等	燃具连接软管、密封填料等
用户通气	管钳、活扳手、套筒螺丝刀、钳子、冲击钻、手锯、放散软管、打气筒(低压)等	发泡剂、毛刷、黄油、格林接头、旋塞阀、球阀、密封填料、法兰垫、螺栓、螺母等

4. 作业环境准备

作业区环境检测：在入户前打开可燃气体检测仪。作业前，确认室内可燃气体浓度值小于 1%VOL（20%LEL），方可进行作业。作业时可燃气体检测仪保持开启状态，并设置于作业地点附近或上方，当可燃气体浓度值大于或等于 1%VOL（20%LEL）时，立即停止作业。

作业区环境通风：作业在室内时，全部打开作业房间通往室外的门、窗，关闭作业房间通向室内的门、窗，避免操作时溢出的燃气流入其他室内；作业在室外时，关闭作业区邻近房间的门、窗，避免操作时溢出的燃气流入室内。

移出作业区内易燃易爆物品和火种：作业在室内时，需确认作业房间内无液化石油气气瓶等除天然气以外的气源；禁止两气同室。作业现场不能有明火，作业过程中禁止使用电器设备，禁止启停照明灯具。

5. 作业区域划定

作业在室内时，设定作业区域，告知用户工作人员在作业时禁止进入作业区；作业在室外时，以作业现场为警戒区域，使用警示标志圈定作业区域。作业区域能够满足作业安全的要求。

5.3.2 关阀和吹扫置换

作业前需要根据更换设备的位置确定需要关断的阀门，并将停气范围内的管道余气吹扫干净，吹扫置换后燃气浓度测定值不应大于爆炸下限的20%。不同设备材料更换前需要完成的关阀和吹扫操作如表5-4所示。

关阀和吹扫操作　　　　　　　　　　　表 5-4

更换材料设备	关阀和吹扫操作
引入口阀门	户外停气，用户末端放散
分段阀门 表前阀门	关闭引入口阀门或上游的分段阀门，用户末端放散
非居民用户燃气表 非居民用户燃气表前过滤器	关闭表前阀门，用户末端放散
居民用户燃气表 居民用户灶前球阀	关闭表前阀门，点燃灶具，燃尽管道内的余气
灶前软管 灶前自闭阀	关闭灶前阀门，点燃灶具，燃尽管道内的余气

注：1. 关闭相应阀门后须用可燃气体检测仪检测阀门阀体及接口是否漏气，阀体漏气修复前，禁止进行下一步操作。

2. 将放散软管引出室外进行燃气放散时，放散软管不应有死结，放散软管长度要保证能伸出室外，并处于下风口，且周边无正在运转的电气设备。

5.3.3 更换操作

1. 引入口阀门

引入口阀门一般为法兰连接。拆除旧阀门，先将法兰阀门两端螺栓全部拆下，清洁两端管线法兰盘面。安装新阀门，在新钢垫双面均匀涂抹黄油，将涂抹好黄油的钢垫放置在法兰水线上，并确保压盖住所有水线，检查新阀门的开闭情况，将新阀门提到安装位置，两端法兰孔对正，钢垫无移位，阀门两端插入螺栓定位，对角将螺栓螺母与钢垫拧紧到位。

2. 分段阀门

分段阀门一般为螺纹连接。拆除阀门，先松开旧阀门相邻的活接头，使其产生一定的间隙。固定住阀门，松动阀门后活接头的管道，将阀门与活接头间的管道取下，固定住阀门前管道，拆下旧阀门；安装新阀门，将阀门前管道丝扣处缠绕密封填料，用阀门带住丝扣，用一把管钳固定住阀门前立管，另一把管钳拧紧新阀门；安装阀门后管道，用毛刷清理阀门后的立管，在新阀门后立管丝扣处缠绕密封填料，用立管丝扣带住阀门丝扣，用一把管钳固定住阀门，用另一把管钳拧紧阀门后管道，确认活接头内胶垫完好，拧紧活接头，安装阀门扳手。

3. 表前球阀

先拆下旧阀门后的管道，若有活接头，先松开活接头锁母，拆卸阀门出口及其活接头之间的管道及管件，若无活接头，则拆除燃气表进口锁母，视情况拆除表脖，取下表前阀门后与燃气表之间的管道。拆除阀门后管道时，应注意防止阀门与对丝之间的管道接口松动。用活动扳手卡住旧阀门前的对丝，缓慢松动，将旧阀门拆下。安装新阀门，应注意上紧阀门时缓慢用力，不要崩裂管件。安装阀门扳手的方向应在容易开关的位置。

4. 非居民用户表前过滤器

拆除旧过滤器，将过滤器两端法兰螺栓全部拆下，取下过滤器；安装新过滤器，先确定过滤器型号规格，检查过滤器外观，应无损坏，顶部螺栓应紧固，无松动。安装法兰盘，将新过滤器移动到安装位置，过滤器两端插入螺栓定位，对角将螺栓螺母与钢垫拧紧到位。

5. 居民用户燃气表

拆除旧燃气表，将两个燃气表接头锁母彻底松开，一手扶住管道，一手抓住燃气表表体，轻轻晃动，取下旧燃气表，记录旧燃气表示值；安装新燃气表，确定燃气表型号规格，检查燃气表外观无损坏、正常显示、电量充足、阀门打开。将新燃气表接头连接端缠绕密封填料后，安装在燃气管道上，将新燃气表表垫安装在表接头下端凹槽内，适当调节燃气表接头中心距与燃气表对准，将燃气表安装在表接头上，调整好并紧固。

6. 非居民用户燃气表

当燃气表接头为螺纹连接时，参照居民用户燃气表。

当燃气表接头为法兰连接时，拆除旧燃气表，将燃气表两端法兰螺栓全部拆下，取下旧燃气表，记录旧燃气表示值；安装新燃气表，确定燃气表型号规格，检查燃气表外观无损坏，正常显示、电量充足、阀门打开。安装燃气表端法兰盘，在新钢垫双面均匀涂抹黄油，将涂抹好黄油的钢垫放置在法兰水线上，并确保压盖压住所有水线，将新燃气表提到安装位置，燃气表两端插入螺栓定位，对角将螺栓螺母与钢垫拧紧到位。

7. 灶前球阀

拆除旧球阀，先拆除灶前软管，拆除自闭阀（如有），然后拆除灶前球阀与自闭阀之间的管件和球阀，禁止用力过猛损坏管道和螺纹。安装新球阀，安装前对新球阀进行密封状态检查，检查新球阀应处于关闭状态。拆下新球阀扳手（如有），连接球阀的管道处端口缠绕密封填料。用手拧紧球阀后，采用管钳固定住球阀上游的管道，采用活扳手紧固新球阀，并安装新球阀扳手（如有）。安装时注意球阀的上游方向。上紧球阀时应缓慢用力，不要崩裂球阀。安装球阀扳手的方向应在容易开关的位置。最后，安装灶前球阀与自闭阀之间的管件、自闭阀等。

8. 灶前自闭阀

将旧软管两端接头彻底松开,拆除旧软管,禁止用力过猛损坏软管和接头;安装自闭阀,对丝缠绕密封填料后,将对丝旋转安装到管道上。将自闭阀与管道安装旋紧,安装恢复灶前软管。

9. 灶前软管

将旧软管两端接头彻底松开,拆除旧软管。根据现场选择合适接口和长度的软管,当软管为螺纹接口时,拧紧螺纹,再用扳手上紧即可。螺纹接口处应有密封垫。确保密封垫完好、无缺损。确保软管连接部位无松动,软管及接口不漏气。确保软管自然下垂,低于灶面至少 30mm。当软管为插入式接口(喉箍锁紧式)时,先拧松喉箍,将软管旋转套入至格林接头根部凹槽,用套筒螺丝刀拧紧喉箍。

5.3.4　通气

设备更换完成后须进行严密性检查。

严密性检查合格后,进行置换通气。通气过程中应对现场环境浓度进行监测,当室内可燃气体浓度值大于或等于爆炸下限的 20% 时,立即停止作业,泄漏未修复前,禁止进行下一步操作。

完成通气后,清理现场,整理工具,作业区警示标识全部收回,当作业在室内进行时,应告知用户作业结束。

第6章

计量仪表

6.1 概　要

城镇燃气系统中计量仪表包括流量计量仪表、温度计量仪表、压力计量仪表、气体组分分析仪等。计量仪表最重要的作用是作为贸易结算的依据，确保燃气供应符合法定的计量标准和精度要求，其次就是过程监控作用，确保燃气系统的安全。本章重点针对这些计量仪表做介绍。

计量仪表在燃气系统中扮演至关重要的角色，其主要作用包括但不限于以下几个方面：

燃气计量仪表主要用于准确测量并累积通过管道输送至用户端的天然气或其他燃气的体积、质量或能量，以及通过钢瓶、槽车运送至用户的燃气质量或能量。这确保燃气供应商能够准确地计算用户的燃气消耗量，作为贸易结算的基础。

计量仪表也是城镇燃气管网系统关键节点处的感知元件，相当于"眼睛""耳朵"，发挥安全监测的作用。一方面流量、温度和压力等计量仪表可以实时监测燃气系统运行状态是否发生异常；另一方面通过燃气用户当前贸易计量数据与历史数据的比对，经过大数据处理，分析是否出现突变，主动发现燃气管路中出现泄漏的安全隐患。

各类计量仪表产生的大数据也是宝贵的信息资源。数据采集后可以通过物联网技术上传至管理系统，进行统计分析和预测。贸易结算用仪表不仅可帮助燃气供应商了解用户消费模式，预测需求，优化调度，同时也有助于燃气用户自身了解燃气的使用情况，进而制订更为合理的燃气使用计划，降低能源消耗，提高能源利用效率。过程监控用仪表可以实时反馈燃气管路各处的温度、压力和流量等信息，有助于及时发现管路异常。

鉴于计量仪表在城镇燃气系统中的重要作用，为使其持续正常工作，应针对计量仪表实施按计划的巡检。计量仪表巡检操作是专业性技术活动，执行主体需要具备相应的专业计量技术操作能力和经验，建立专门的规章制度、操作流程；执行巡检的人员应接受过专业培训，并通过考核取得资质。

计量仪表按安装位置分为以门站和调压设施为代表的供应端和以用户为终端的用气端；按用途分为贸易计量和过程计量两大类，其中贸易计量按结算形式又可分为体积计量、质量计量和能量计量；按照测量物理量分为温度、压力、流量、质量和燃气组分等，其中常见的体积流量计量仪表按测量原理又分为膜式燃气表、腰轮流量计、涡轮流量计、超声流量计、旋进旋涡流量计、涡街流量计和孔板流量计，由于旋进旋涡流量计测量范围度（即满足计量性能的最小流量与最大流量的比值）约为 $1:10\sim1:15$，涡街流量计测量范围度约为 $1:10$，孔板流量计测量范围度约为 $1:3\sim1:5$，与其他流量计相比测量范围度过窄，且旋进旋涡流量计和涡街流量计的计量性能容易受管路振动的干扰，旋进旋涡流量计和孔板流量计压力损失较大，因此这三种流量计正在逐渐淡出燃气计量；按照数据读取方式分为现场直读和远程传输。这些计量仪表的电源包括外接电源、内置电池和 UPS 电源几大类。燃气系统中计量仪表的分类框图如图 6-1 所示。

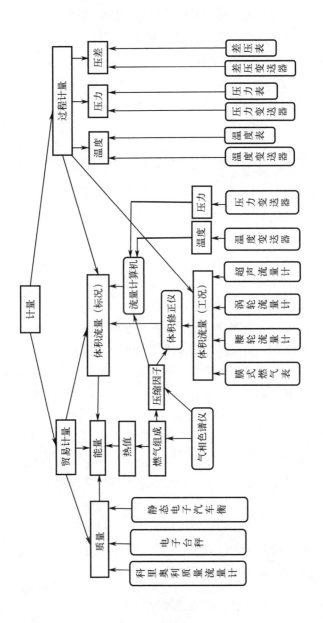

图 6-1　燃气系统中计量仪表的分类框图

6.2 巡检和维护

6.2.1 巡检条件

执行巡检的人员应携带包括但不限于以下设备及设施：安全帽、防静电服、静电腕带、拆卸工具、巡检记录设备和软件、体积修正仪/流量计算机诊断设备及软件、电池（防爆取证时所用的种类和型号规格）、润滑油（与出厂原配置的润滑油一致）、连接导线、RS-485 通信线/RS-232 通信线/以太网线、机械封印、工业级防爆万用表 2.5 级、可燃气体检测仪、秒表和防爆通信工具等。

6.2.2 巡检内容

1. 外观检查

（1）计量仪表外观有无裂缝、变形、锈蚀、泄漏等现象。

（2）观察紧固螺钉、安装支架等是否牢固可靠。

（3）机械封印是否完好无损、有效、编号清晰。

（4）检定/校准合格标志是否清晰齐全、校准/检定日期是否在有效期内。

（5）机械字轮示值应完好无损、数字清晰，运行时应平稳，无卡跳、无异响。

（6）观察显示屏，确认以下内容：

1）示值应清晰、完好无损；

2）是否有报警提示（若是具备 IC 卡控制功能的计量仪表，还应观察其显示屏是否有阀门关闭、剩余气量或剩余金额不足等报警提示）；

3）其显示值与 RTU 采集显示值和监控系统显示的数值比对是否都一致（适用于具有远传功能的计量仪表）。

（7）观察温度表，确认以下内容：

1）温度计分度盘上的分度线、数字和计量单位清晰完整；

2）表玻璃应无色透明，各部件无锈蚀和松动；

3）在测量范围内，指针偏移平稳，无跳动和卡住现象。

（8）观察压力表，确认以下内容：

1）检查仪表表盘是否清晰完整、各部件无锈蚀、无松动、无指针过幅摆动和无渗漏；

2）在测量范围内，指针偏移应平稳、无跳动和卡住现象；

3）检查压力表能否回零。

（9）电源检查：

1）若电池供电，检查电池的剩余电量，是否有电池欠压报警提示；

2）若外接直流电源，检查外供电源是否正常工作；

3）若具有 UPS 备用电源，还应检查 UPS 的电池外观、状态指示等，当出现报警提示或电量显示已降到总电量的 1/3 时，应更换 UPS 电池。

（10）对具有活动部件的腰轮流量计和涡轮流量计需要观察润滑油油质和油位，润滑油应透明、清晰、不变色、不分层，油位高度应符合仪表使用手册要求。

（11）对超声流量计，需要检查控制箱端盖和输入输出端口是否密封良好，标定锁是否指向位置"0"。

2. 性能检查

（1）常规体积流量计量仪表

巡检时若燃气设备允许启动并能调整负荷大小，可采用秒表定时并分别记录：起止时间点流量计量仪表的字轮、工作条件下（以下简称"工况"）累积流量、标准参比条件下（以下简称"标况"）累积流量、温度、压力等参数的示值，检查并计算流量计量仪表的运行情况，评估流量计量仪表的测量范围与燃气设备运行负荷是否匹配：燃气设备启动时，通过检查字轮和工况累积流量示值何时发生变化，测算始动流量；大负荷运行时，检查是否有异常声音，计算起止时间点字轮示值差与工况累积流量示值差是否不超过一个脉冲当量，将起止时间点标况累积流量示值差除以秒表测定时间所得的标况瞬时流量与燃气设备运行负荷进行比较，评估是否匹配。

（2）超声流量计

超声流量计的核心部件为超声换能器。超声换能器是把声能转换成电信号和反过来把电信号转换成声能的组件，一般都是成对安装、同时工作。低压工作的超声波燃气表为单声道，即有一对超声换能器；声道数量大于1的多声道超声流量计的运行压力通常较高，其准确度、重复性均优于单声道超声波燃气表，一般用于门站、电厂和趸售等耗气量很大的用户计量。

影响多声道超声流量计计量性能的主要因素是超声换能器的性能，随着运行时长的增加，超声换能器由于脏污、周围干扰或损坏等原因可能引起零流量读数和其他性能参数发生漂移，因此应通过定期检查确认其是否超过《用气体超声流量计测量天然气流量》GB/T 18604—2023以及仪表厂商规定的数值。

零流量读数检查，即在无流动介质的情况下，检查流量计的读数是否为零或在流量计产品规定的范围内。性能参数包括：工作效率、平均声速与理论声速相对偏差绝对值、各声道间的声速差、信号增益强度和信噪比强度等。多声道超声流量计的零流量读数和超声换能器性能检查应由专业巡检人员按照厂商推荐的方法和时间间隔执行。

（3）体积修正仪、流量计算机

体积修正仪、流量计算机是功能较多的电子仪表，其巡检应由专业技术人员使用专用诊断设备和软件定期执行，具体内容如下：

用工业级防爆万用表欧姆挡对设备接地电阻进行检测，接地电阻不应超过1Ω。用专用诊断设备和软件与体积修正仪或流量计算机进行连接并读取数据，通信应正常。进入体积修正仪或流量计算机的"报警列表"，查看是否有报警项。用秒表计时的方法查看至少10min，查看并记录机械字轮累积数值与体积修正仪或流量计算机的工况累积流量值的差值，不应超过一个脉冲当量值。用秒表计时的方法查看至少 10min，查看并记录现场体积修正仪或流量计算机的标况累积流量、工况累积流量、温度和压力示值，数值间计算关系应符合气体状态方程。脉冲当量、仪表系数、压力限值和压力替代值、温度限值和温度替代值、气体组分或物性参数以及高位发热量（能量计量适用）均与设定值一致。温度传感器和压力传感器的巡检内容分别参见温度变送器、压力变送器。

（4）温度变送器、压力变送器和差压变送器

检查流量计算机显示温度、压力示值与温度、压力变送器示值是否相同。检查流量计算机显示温度、压力示值与平时正常值是否相似。温度变送器的示值与现场管道上的温度计示值之间差值的绝对值是否超过两者误差限绝对值之和，不超过即两者示值相符：若温度变送器、现场温度仪表的温度误差限均为相对误差（％）时采用相对误差计算方法进行比较；若修正仪温度、现场温度仪表的温度误差限均为绝对误差（℃）时采用绝对误差计算方法进行比较。变送器示值与同管道的压力仪表示值差值的绝对值是否超过两者误差限绝对值之和，不超过即两者示值相符：压力变送器、现场压力仪表的压力误差限均为相对误差（％），因此采用相对误差计算方法进行比较。

检查压力变送器、差压变送器的密封状态和接线：表盖、接线盒的密封○形圈应无发黏、龟裂等老化现象，密封脂应无硬化、黏附差等失效现象；接线盒内接线板、接线螺钉应无碎裂、缺损；应打开差压变送器的平衡阀，关闭高、低端进气阀，查看差压变送器显示值，应为零，若显示值不为零，应进行零点、量程校准，检查完成后应恢复原状；冬季应对安装有排污装置的压力变送器、差压变送器进行排污。

（5）在线气相色谱仪

在线气相色谱仪是结构复杂的精密分析仪表，其巡检应由专业技术人员使用专用诊断设备、软件和标气定期执行，具体内容包括：查看现场测量结果，确认组分值应无异常波动或缺失等现象，并与监控系统显示的数据比对一致；载气压力值、标气压力值、样

气压力值、助燃气压力值以及各柱箱温度，应符合厂商规定要求；标气气瓶应在有效期内；自动标定标气值应与标气瓶铭牌标注的组分浓度一致；火焰光度检测器（FPD）方式气相色谱仪氢发生器设定的出口流速，应符合厂商规定的点火要求，且状态应稳定、有效，同时氢气发生器水位，应不低于最低水位线；查看样气分析谱图，核对出峰时间、基线等参数，与标准谱图进行比对，应无明显偏差。

（6）其他

1）科里奥利质量流量计

科里奥利质量流量计为由流量检测元件（一次装置）和转换器（二次装置）组成，利用流体和振动管振动的相互作用测量质量流量的装置，也可用于测量流体的密度和振动管内的温度，用于动态计量液化天然气（LNG）、压缩天然气（CNG）、液化石油气（LPG）的质量流量。

科里奥利质量流量计的巡检内容包括：检查安装稳固性，防止因松动或异常振动影响测量结果；若带有内置温度或压力补偿功能，需要检查这些元件是否正常，出现漂移及时调整参数；根据运行时间和厂商推荐的保养计划，适时更换密封件、垫片等易损部件，以及长时间工作后的驱动电机组件。

2）电子台秤

具备自校准功能的电子台秤，应按产品手册要求定期对其进行校准。

3）静态电子汽车衡

静态电子汽车衡的巡检内容包括：清洁并检查传感器连接处是否紧固，应无松动和损坏；如有防尘盖，应检查其密封性；检查秤台两侧的限位装置与秤体底部的缓冲器是否正常；检查防雨、防晒措施是否到位，检查并修补秤体上出现的孔洞或缝隙。

6.2.3 维护

计量仪表的维护包括以下内容：

（1）定期清洁保养计量仪表的外表面，避免积尘、污渍对其产生干扰和腐蚀。

（2）通过轻微地拉拽确定紧固部件是否松动、端子接线是否牢固，观察电源线、信号线电缆外皮是否破损，接头处有无锈蚀、氧化，并使用可燃气体检测仪探测，观察确认各连接处连接是否牢固、严密、无泄漏，位置包括：

1）连接线根部部分；

2）接头、接线、接口等各连接处。

（3）更换及加注润滑油

由于腰轮流量计和涡轮流量计的基表内均有高速转动的部件，因此需要定期加注、更换润滑油。

1）润滑油油质正常、油位偏低时，应根据仪表厂商的要求加注润滑油，并满足以下要求：

① 油窗或油杯内的润滑油清晰、不变色、不分层；

② 油位高度应加注到仪表使用手册说明的位置。

2）遇到以下情况更换润滑油：

① 润滑油油质不正常；

② 两个巡检周期内，若油位没有变化，应更换新油。

（4）更换电池（适用于电池供电的计量仪表）

将电量不足的旧电池拆下，更换为相同规格型号的新电池。

6.3 典型故障和更换

6.3.1 典型故障

燃气企业应根据各类仪表的特点，制订巡检计划并执行。巡检人员应了解各类仪表的特点、典型故障和可能导致原因，计量仪表典型故障表如表 6-1 所示。

表 6-1

计量仪表典型故障表

名称	工作压力	特点	适用范围	典型故障和可能原因
膜式燃气表	燃气使用压力低于3kPa	准确度等级为1.5级，性能稳定，成本低，体积较大。可根据用户需求加装IC卡预付费装置、远传通信装置和防反向通气装置等	适用于居民用户和用气量低的小型商业用户	(1)字轮不转或转动缓慢或发出异常声音：内部机械部件如膜片、齿轮等磨损严重。(2)字轮倒转或转速快旋转：存在燃气管道内异常压力或计量装置失效等问题。(3)出现电源欠压、阀门关闭、剩余气量或者余金额不足、过流、泄漏等报警提示：可能出现相应故障
腰轮流量计	中压、低压	准确度非常高，重复性和稳定性良好，其准确度等级通常为1.0级、1.5级，甚至达到0.2级、0.5级。内部结构紧凑、转动部件精密，公称尺寸较大时加工困难，因此通常不大于DN150。计量范围度30：1～160：1。可加装燃气体积修正仪、IC卡预付费装置和远传通信装置等。大口径时会产生噪声和振动。对介质清洁度要求较高，遇到大颗粒杂质会"卡死"，不能计量，并无法正常供气	商业用户、供暖制冷用户、工业用户等燃气用户	(1)字轮不转或转动缓慢或发出异常声音：内部机械部件如腰轮转子卡滞、齿轮等磨损严重。(2)字轮倒转或转速快旋转：燃气泄漏、管道内压力异常增大；计量装置失效等问题。(3)腰轮流量计记录的用户每天耗气量明显小于实际：存在机械磨损过大
涡轮流量计	低压、中压、次高压和高压	准确度通常不低于1.5级，甚至可达0.2级，重复性好，可达0.05%～0.2%。稳定性强，结构紧凑轻巧，压力损失小。可加装燃气体积修正仪、IC卡，用户类型、公称尺寸类型各种燃气	供暖制冷用户、工业用户、电厂、门站等各种燃气用户	(1)流动正常时，字轮不转动：字轮卡滞；叶轮损坏；轴承、齿轮等传动部件卡滞。(2)无流量时，字轮仍在转动：涡轮流量计前后压差发生异常变化，致使叶片旋转

续表

名称	工作压力	特点	适用范围	典型故障和可能原因
涡轮流量计	低压,中压,次高压和高压	预付费装置和远传装置等。计量特性易受气体流体流动性的影响,需足够长的前后直管段;叶轮较易因高速飞行的颗粒杂质损坏,易发生磨损导致性能偏移	≥DN50至DN300	(3)流量计读数偏小:长时间使用后,轴承磨损
超声流量计	多声道超声流量计适用于高压、次高压;单声道超声燃气表适用于低压。	准确度高,通常不低于1.0级,可达0.2级、0.5级。计量范围度较大,40:1~200:1。无传动部件,无压力损失,可进行双向流量测量。多声道的燃气超声流量计可以提高测量精度,还能在某一声道出现故障时利用其他声道继续进行有效测量。计量特性易受足够长的前后直管道流体流动性的影响,需要足够长的前后直管段;超声换能器脏污会影响性能,易受其他的噪声干扰源产生的噪声干扰。	管道天然气、CNG、LNG和LPG。多声道超声流量计适合大的门站、配售用户;单声道超声燃气表适合居民用户	(1)显示屏无显示:显示屏故障;电源故障,如供电不稳定、电池电量不足等;超声换能器电缆线损坏,或连接线端子松动导致信号中断。(2)无信号或信号弱:超声换能器表面偏污或管道内壁污垢严重腐蚀,结垢或有大量气泡、浪涌保护器损坏。(3)测量数据不准确或波动过大:工况变化较大,超出正常工作范围;参数设置错误,如管道材质、壁厚、直径设定错误;超声换能器老化、损坏;外部电磁干扰过大
燃气体积修正仪	中压,次高压和高压	核心为16位单片机,内置高精度温度和压力传感器,具有采集和计算功能,通过输入设定天然气组分或物性参数可求得压缩因子Z,可算出标准体积流量、能量流量,具有数据存储、远传和自诊断等功能;低功耗,电池供电即可,具备防爆功能,可实现防水和电磁兼容。	与流量计涡轮或腰轮或超声流量计配套,通常用于小规模计量场合,可安装于环境条件较恶劣的燃气现场	(1)无读数或死机:软件故障、电源问题;显示屏故障;主板故障、软件系统崩溃;浪涌保护器损坏故障。(2)温度、压力示值不正常:温度、压力传感器故障。(3)流动正常时,基表示值正常,但配套体积修正仪示值变化,或者增加量不增加或者增加量与体积修正仪流量不增加或者增加量

续表

名称	工作压力	特点	适用范围	典型故障和可能原因
燃气体积修正仪	中压、次高压和高压	计量性能会由于压力和温度传感器的性能漂移而下降，Z值计算不是实时的	与单台或腰轮涡轮或超声流量计配套，通常用于小规模计量场合，可安装于环境条件较恶劣的燃气现场	基表示值变化量不符；机电转换器件故障；强磁干扰。 (4)标况体积流量示值不正常；温度、压力示值不正常；参数设置出错；感器故障；基表故障；参数设置异常：主板故障。 (5)无法通信：有线通信遇到线路断开、端子松动硬连接；无线通信遇到强干扰。 (6)按键失灵：按键故障。 (7)报警提示：相关检测部件可能存在故障；管路出现异常；参数设定不合理
流量计算机	次高压和高压	核心为32位及以上处理器，硬件配置灵活，扩展性较强，功能齐全，无内置温度、压力传感器，可实时接收温度变送器、压力变送器，压力和Z值的相色谱仪的数据，实现温度、压力和能量测量；可实现集成管时体积修正和能量测量，不能做到低功耗。不防爆，防护等级低	适用于门站及大型工业用户，电厂用户等复杂应用场景，通常安装在环境条件比较好的控制室内	(1)温度、压力示值与温度、压力变送器示值不同：温度、压力变送器的通信线路连接故障。 (2)其工况体积流量与基表示值变化不符：通信线路故障。 (3)其余参见"燃气体积修正仪"
温度、压力、差压压力变送器	选择对应压力级别	高准确度，宽测量范围，自动补偿，抗干扰能力强，密封性良好，标准电流(4～20)(mA)电流、(1～5)(V)数字信号输出，RS-485数字信号输出，低功耗等特点。测量结果易受安装位置的影响，随着时间推移，计量性能会漂移	用于标况体积流量修正；监测介质温度、压力。差压变送器可监测过滤器前后压差	(1)无显示：电源线断开或接触不良；显示屏损坏；传感器损坏。 (2)温度、压力、差压变送器示值与平时仪表不一致：温度、压力、差压传感器发生异常波动。 (3)温度、压力、差压变送器示值与平时仪表也不一致；变送器故障

续表

名称	工作压力	特点	适用范围	典型故障和可能原因
在线气相色谱仪	—	快速分析，高灵敏度，可远程监控和环境适应性强等特点。构成复杂，操作难度大，容易漂移，须经常标定	对燃气门站、区域计量站以及电厂之类大用户等处燃气组分进行实时计量	(1)进样后不出色谱峰：注射器堵塞；进样口和检测器的石墨垫圈不紧固；色谱柱断裂漏气，检测器出口堵塞。(2)测量结果异常：上游气质变化异常；色谱图异常；检测管进口、出口气质污染
科里奥利质量流量计	压缩天然气、液体	准确度高，可达0.15～0.50级，稳定性好，不受流体特性变化（如密度、黏度和速度分别）的影响，不需直管段。量程比可达100∶1或更高。能同时测量流体的质量、密度、温度（某些型号）及体积流量。内部无活动部件，使用寿命长，具有自诊断功能，部分可耐高压、耐高温、耐低温、双向测量。安装要求：避免安装应力；确保同心度；需刚性和无应力支撑，避免共振	动态计量LNG、CNG、LPG的质量流量	(1)无流量显示或成闪烁乱码；电源问题；接线松动；传感器故障；内部电路故障。(2)测量值偏差大或不稳定：传感器振动不正常；流体中含有气体或固体颗粒；安装异常；管道振动过大；流体温度或压力波动过大等。(3)密度测量值偏差大：流体中含气泡；传感器脏污；流体温度或压力未在标定范围内；流体组分变化等。(4)有流体流动但显示"零流量"；流速低于流量计最小可测流速；传感器堵塞；流体黏度过高；传感器损坏等

续表

名称	工作压力	特点	适用范围	典型故障和可能原因
电子台秤	—	准确度高，稳定性好，结构简单，数字显示，低功耗，具有自动去皮、单位切换、计数、数据储存与传输、超载保护、抗干扰和温度补偿等功能。准确度低于电子天平；对环境温度、湿度、电磁场等因素较敏感	小型LNG、LPG瓶罐的称重	(1)显示屏无显示或显示闪烁或乱码：传感器故障；电源问题；接线松动；内部电路故障等。 (2)称重不准确：传感器故障。 (3)按键失灵：按键电路故障，按键面板损坏等。 (4)无法数据传输：接口松动，数据线损坏，软件兼容性问题等
静态电子汽车衡	—	准确度高，可靠性、抗干扰能力强，支持各种通信方式，具备自动诊断、故障报警、数据统计分析等功能，环境适应性强。容易受雨水积水的影响，须做好排水	测量LNG、CNG、LPG罐车的质量	(1)无显示或显示异常：电源问题；显示屏故障；信号线断路或短路等。 (2)称重结果不准确或零点漂移：传感器故障；接线松动；限位装置变形；风力过大引起秤体晃动；限位装置调整不当等。 (3)无法打印：打印机硬件故障；打印机驱动故障；通信故障等。 (4)无法远程传输：通信接口故障；通信线路问题；网络故障；软件配置错误等。 (5)秤体异常声响或晃动：秤体结构松动；限位装置损坏；基础沉降等

续表

名称	工作压力	特点	适用范围	典型故障和可能原因
温度表	各种压力	常见温度表为双金属温度表,具有快速响应,体积小巧,结构简单,成本较低,稳定性佳,防水、防腐蚀,耐震动,适用温度范围广。准确度等级通常不优于1.5级,差于温度变送器,不能远传数据	监测燃气管线的温度	(1)指针不动或动作异常:双金属片疲劳、断裂、粘连;内部零件卡死。 (2)指示值偏差过大:双金属片热膨胀系数发生较大变化。 (3)指针跳动过大;振动过大;双金属片疲劳;机械部件松动。 (4)响应迟缓:双金属片热传导性能下降;保护套管内部积垢;被测介质流动不畅。 (5)填充液泄漏;密封件老化、破损
压力表	各种压力	机械直观读数,无须电源,结构简单,成本低廉,测压范围宽,耐恶劣环境和振动,适用范围广。准确度不够高,通常为1.0级、1.6级等,不能远传数据	监测燃气管线的压力	(1)零压力时指针不指零:弹簧管变形;游丝松动;传动机构磨损;指针卡滞。 (2)指针摆动过大不稳定:游丝损坏;内部零件松动;弹簧管疲劳;介质波动过大。 (3)指针无反应或反应迟钝:弹簧管堵塞;传动机构卡死;指针与轴连接松脱;压力通道堵塞。 (4)示值偏差过大:弹簧管弹性系数改变;指针偏移;刻度盘磨损或调整不当。 (5)外壳破裂或泄漏;壳体材料老化、遭受外力冲击;密封件失效;安装不当

6.3.2　更换流程

　　燃气计量仪表拆卸安装操作须由具备资质的专业人员操作,并严格遵守国家和地方的相关燃气设备安装规程以及安全操作规范。非专业人员不得擅自拆装。计量仪表的拆装流程包括拆卸和安装两个阶段。

1. 拆卸

　　计量仪表拆卸流程图如图 6-2 所示。

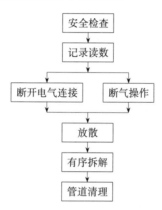

图 6-2　计量仪表拆卸流程图

　　（1）安全检查

　　实施安全检查,确保工作区域通风良好,并远离火源和潜在的点火源。

　　（2）记录读数

　　记录计量仪表当前的各类读数和参数,以便后续复装后的计量校核。

　　（3）断气操作

　　在拆卸前必须先关闭上游及下游阀门,确保燃气管道内无燃气流动,避免燃气泄漏风险。

　　（4）断开电气连接

　　对于外接电源供电或具有信号线缆的计量仪表,还应断开电源及信号线缆,并做好标识以便重新接线时能准确对应。

（5）放散

放散待拆卸流量计管段内的燃气。

（6）有序拆卸

按照正确的步骤和顺序将仪表从燃气管线上拆卸下来，注意使用扳手时力度适中，避免损坏仪表内精密部件和管道接口，同时做好各连接部位的标记和密封件的保护。

（7）管道清理

清理旧仪表拆除后管道口的杂质、锈蚀和旧密封垫片等。确保安装位置平整稳固，适合新仪表的安装尺寸。

2. 安装

计量仪表重新安装流程图如图 6-3 所示。

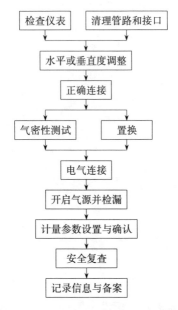

图 6-3 计量仪表重新安装流程图

（1）检查仪表

确认仪表完好无损，没有因拆卸过程而造成机械损伤或密封失效等问题。

（2）清理管路和接口

对与仪表连接的管路进行彻底清理，去除锈蚀、焊渣、杂物等，确保内部光滑无阻，清洁所有与仪表相连的管道接口，确保无杂质、锈蚀等情况。

（3）水平度或垂直度调整

将计量仪表安装到支架上并调整至水平或垂直位置，防止因倾斜导致计量不准确。

（4）正确连接

根据箭头指示标记恢复仪表与管道之间的连接，使用新的密封垫圈或胶带，并保证螺纹连接处紧固且无泄漏，并用扳手紧固螺纹或螺栓，保持对称均匀受力，但不要过紧，以免损坏仪表或导致泄漏。

（5）气密性测试

对计量仪表所在管路进行气密性测试，重点关注各接口和连接部位。

（6）置换

置换安装流量计管段内的空气。

（7）电气连接（如适用）

如新仪表带有信号输出或电源接口，根据产品说明书正确连接电缆线，并确保接线牢固、防水防尘。

（8）开启阀门并检漏

缓慢开启上游阀门，检查各连接部位是否有漏气现象，如有泄漏，应立即关闭阀门，重新做紧固处理，待压力稳定后开启下游阀门，观察仪表示值是否正常，如有异常，应立即排查。

（9）计量参数设置与确认

根据不同仪表的实际情况设置相关参数。并对比拆卸前后的读数，必要时可请相关部门对仪表进行重新校准。

（10）安全复查

最后进行全面的安全复查，包括但不限于周边环境安全、接地情况、报警装置功能正常等。

（11）记录信息与备案

记录新计量仪表的编号、初始读数以及其他重要信息，以便后续管理与巡检。完成安装后，将相关信息报备给相关部门，完成更换手续。

3. 注意事项

拆卸安装时注意事项包括：应轻拿轻放，使用贴纸密封计量仪表的开口，以免搬运时颗粒杂质、灰尘落入内部；拆卸前确认管路前后阀门关闭严密；确认待安装的计量仪表正常完好；应端正安装并注意流向正确、轴线对中，做到水平或竖直，计量仪表法兰与管路法兰对齐，确保密封面无划痕、凹陷等缺陷，应避免密封垫凸入至气道，法兰等连接处不能有应力；确保安装支架或底座能够提供足够的刚性和无应力支撑，避免因管道应力传递导致的测量误差；均匀紧固法兰连接螺栓，按照厂商推荐的扭矩和顺序进行，避免法兰面受力不均匀导致泄漏；安装后恢复通气时，应先缓慢开启计量仪表前阀门、再缓慢开启计量仪表后阀门，操作过程中注意听计量仪表是否发出异常声音；确认无燃气泄漏后再连接电源。

此外，由于计量仪表不同特点还应注意：

（1）超声流量计还应核查零流量时是否有流量显示。

（2）科里奥利流量计的核心部件——测量管极其精密，拆卸时需轻柔操作，避免任何形式的撞击或扭曲，可使用专用工具和防振材料保护，若带有振动抑制装置，确保其正确安装和调整，核查零流量时是否有流量显示，观察仪表运行时是否有异常振动、噪声。

（3）电子台秤应使用水平仪校准，确保其水平稳定，使用螺丝刀将新台秤与底座通过螺栓或其他固定方式连接牢固，注意秤体间连接螺栓的拆卸顺序，区分纵向螺栓和横向螺栓，避免结构变形或损坏；安装后开启电源，应根据产品手册进行开机自检和初始设置，然后进行零点和满量程校准。温度变送器和温度仪表安装时需使用防松顶丝，并确保在安装后拧紧，如果需要调整电子台秤的观察方向或出线方位，可先松开锁紧螺母，转动壳体至合适位置后再重新拧紧。

（4）压力变送器和压力仪表拧紧螺栓时，遵守厂商规定的最大拧紧力矩，避免过紧导致的壳体变形或密封损坏，尤其是对于小量程变送器，更需要谨慎操作。

第7章

燃气事故案例分析

燃气事故案例分析对于提升公共安全、强化安全管理具有不可替代的重要意义。它不仅是预防未来类似事故的关键，还能揭示潜在风险，指导技术改进，优化应急响应策略，并增强安全意识与自我保护能力。通过深入剖析事故原因、过程和后果，能够为制订更科学、更有效的安全政策和标准提供有力支持，从而保障人民群众的生命财产安全，促进社会和谐稳定。

本章列举几个典型的事故案例，通过事故案例分析，让从业者从事故中吸取教训，提高安全意识。

燃气事故的发生有许多方面的原因，设计、施工、运行维护及应急抢修等环节均可能存在问题。本章的案例仅从燃气设施运行维护的角度来剖析事故的主要原因及杜绝事故发生的做法。

7.1 某集贸市场"6·13"燃气爆炸事故

7.1.1 事故经过

2021年6月13日6时42分许，某集贸市场发生重大燃气爆炸事故，造成26人死亡，138人受伤，其中重伤37人，直接经济损失约5395.41万元。

2021年6月13日5时38分，某市110指挥中心接到有天然气管道泄漏报警电话；5 时 53 分，某市消防救援支队 119 指挥中心接到报警并于 5 时 54 分指派 2 辆消防车、12 名消防员出警；6 时 00 分，值班民警到达现场，发现某桥下河道有黄色雾状气体往上飘，并伴有强烈的臭味；6 时 13 分，某燃气公司接到关于"有天然气泄漏，有黄色烟雾"的报告，并通知管网运营部抢修人员前往处置。6 时 16 分，抢修队员关闭阀门，切断事故区域气源；6 时 30 分至 38 分，抢修人员进入桥下河道观察处置，由于桥洞内光线昏暗，无法进入侦查。此时桥洞内泄漏声消失，外涌的黄色天然气颜色逐渐变淡，流速变缓，灰尘减少。6 时 42 分 01 秒，爆炸发生。

7.1.2　事故原因及分析

涉事燃气管道先是经过违规改造，未按防腐规范施工，且改造后的事故管道穿越涉事故建筑物下方的密闭空间，由于空间正上方为河道，受河道内长期潮湿环境的影响，管道发生腐蚀穿孔。

管道本身存在事故隐患，如果运行人员及时进行巡检维护，进行隐患整改，事故是可以预防的。但是事故报告中提到燃气企业负责涉事故管道巡线人员自公司成立至事发，从未下河道对事故管道进行过巡查，导致泄漏严重，达到爆炸极限最终引发事故发生。

在接到报警电话后，抢修人员到达现场，第一次进入现场未携带燃气检测仪，不熟悉所要关闭阀门的位置，且只关闭了事故管道上游端的燃气阀门，未及时关闭事故管道下游端的燃气阀门。如果抢修人员能够携带燃气检测仪进行检测，就能够充分了解现场泄漏情况，就能够及时采取措施防止事态向严重的方向发展。如果抢修人员熟悉燃气设施的位置，熟悉操作规程，就能够有效隔离事故区域，也可能防止事故的发生。由于这些运行维护的基础工作未做到位，最终导致爆炸。

7.1.3　事故启示

这起事故举国震惊，事故发生后国家、地方采取了一系列措施杜绝事故的发生。从燃气运行维护人员的角度，需要做好以下几个方面的工作：

（1）熟悉所运行燃气设施的情况，包括：投产年限、管道材质、管径、压力、埋设部位等基本信息。

（2）掌握调压器、阀门、过滤器等设备的原理、维护要求等技能。

（3）掌握燃气检测仪的使用方法并能够正确使用。

（4）严格按照周期进行巡检，不能有失职的现象发生。

（5）严格按照操作规程的要求执行操作。

7.2 某居民楼燃气爆炸事故

7.2.1 事故经过

2004年5月29日19时45分，某居民楼人行道下发生天然气管道爆炸，造成5人死亡，35人受伤的事故。临街11个商业门面洒满因爆炸喷射出的五花八门的家什，在街边组成一片长达数十米的"垃圾"带。位于爆炸点中央的副食店被强烈的冲击波震得一片狼藉，冰柜被抛到街面上，三箱啤酒被震出店外10m，玻璃碴遍地开花，店老板邓某被震出店铺死亡。与邓某相邻的皮鞋店老板祝某，同样被抛出店铺死亡。11个店铺门前，用预制板等物搭成的数十米人行过道全被震飞，没有一丝残留。11个门面与街面之间，形成一条宽约50cm、深约数米的"陷阱"。地下一层10余居民家，靠街边隔断阴沟的砖墙和门全被震飞，几根被震断后的天然气管道锈迹斑斑躺在地上；靠近永宁河边的砖混墙体，除附一、附二号两家外，其余全部被震飞。室内，10余户居民的家具无一样完好，个别砖块上残留着血迹。

7.2.2 事故原因及分析

事故直接原因是一根DN100的中压天然气管道发生泄漏。泄漏的燃气经地面缝隙扩散到排污沟内，经排污沟通过公路，窜入17幢楼地下一层街面堡坎构成的夹墙并在其中聚集，形成爆炸混合气体，经人行道盖板缝隙扩散至人行道上，遇不明火种引起爆炸，酿成事故。间接原因是一住户违章建房并在内居住，形成死角，使夹墙内气体不流通，为事故发生创造了条件。

在2004年的5月初，也就是早在事故发生前一个月，该楼一层门市上就有人发现有天然气味，但未引起重视。5月20日，气味较浓，住户到某天然气公司管理所反映情况，巡检人员到现场只是打开污水沟的盖板闻了一下，无法确认是否是天然气泄漏，最终草率地得出结论：天然气管道在路的对面，这边的气味不是燃气味。这个草率的结论最终导致事故发生。

这起事故发生距今已超过20年，再次把事故案例进行分析是因为这起事故具有典型性。因为天然气和沼气的主要成分都是甲烷，仅凭甲烷检测仪是无法区分是何种燃气泄漏。在此之后，随着科技发展，有了示踪气体检测技术。如通过辨识天然气中的加臭剂气味判定是否是燃气泄漏，但是由于加臭剂的吸附能力较强，会吸附在周围的土壤上，导致误判，之后这个方法被乙烷辨识技术所取代。该技术是通过辨识天然气中含有的乙烷成分判定是否是天然气泄漏还是沼气挥发。有了检测技术后，为了更加规范泄漏检测的程序、方法、周期和检测仪器的配备使用，住房和城乡建设部发布实施了行业标准《城镇燃气管网泄漏检测技术规程》CJJ/T 215—2014，通过标准的贯彻实施，保证泄漏工作落实到位，及时发现并消除泄漏隐患，杜绝泄漏事故发生。

另外，造成这个事故的一个关键因素是巡检人员的责任心不强，仅凭鼻子闻就得出不是燃气泄漏的结论。虽然当时的技术水平受限，但是如果加强责任心，对管辖的燃气管道进行巡检，还是能及时发现泄漏隐患的。海恩里希法则也提到：事故的后果虽有偶然性，但是不安全因素或动作在事故发生之前已暴露过许多次，如果在事故发生之前，抓住时机，及时消除不安全因素，许多重大伤亡事故是完全可以避免的。

7.2.3　事故启示

从燃气运行维护人员的角度，需要做好以下几个方面的工作：

（1）加强员工的责任心，严格按制度执行，巡检工作落实到位。

（2）燃气企业按业务范围配置相应的泄漏检测仪器，保证泄漏检测工作的正常开展。

（3）开展泄漏检测相关技能的培训，包含泄漏原理、检测仪器原理、设备使用操作。

（4）按标准要求定期开展专项泄漏检测工作，及时发现并消除泄漏隐患。

（5）对泄漏检测仪器定期进行维护保养，保证仪器性能。

7.3　有限空间事故

7.3.1　事故经过

1. 某公司"2·15"较大中毒事故

2019 年 2 月 15 日，某公司环保部主任安排 2 名车间主任组织 7 名工人对污水调节池（事故应急池）进行清理作业。当天 23 时许，3 名作业人员在池内吸入硫化氢后中毒晕倒，池外人员见状立刻呼喊救人，先后有 6 人下池施救，其中 5 人中毒晕倒在池中，1 人感觉不适自行爬出。事故最终造成 7 人死亡、2 人受伤，直接经济损失约 1200 万元。

2. 某街"9·23"较大中毒和窒息事故

某公司负责某大道地下污水管网清淤作业，将清淤作业委托给武汉某公司。2019 年 9 月 23 日 11 时 30 分左右，武汉某公司在某大道一排污检查井进行清淤作业时，1 名现场人员入井作业时晕倒，现场另 3 人发现后未采取任何防护措施下井救人，发生中毒和窒息事故，最终造成3人死亡，1人受伤，直接经济损失约391.06万元。

3. 某公司"12·31"较大中毒事故

2019年12月31日20时许，某公司承包商重庆某公司人员在脱硫塔内维修作业时，盲目排放脱硫液造成液封失效，憋压在循环槽上部空间的燃气冲破液封进入塔内，导致塔内5名施工人员中毒，造成3人经抢救无效死亡，直接经济损失约402万元。

7.3.2　事故原因及分析

近年来，有限空间作业中毒窒息等较大生产安全事故多发频发，安全形势复杂严峻，给人民群众的生命财产安全造成重大损失。这些事故的特点和共性问题明显：

（1）对有限空间作业风险辨识能力不足、认识不到位。

（2）未执行有限空间作业审批制度和操作规程。

（3）作业由不具备安全生产条件的人员进行操作。

（4）未按规定配备必要的防护用品和应急装备。

（5）安全教育培训不到位，有些作业人员习惯性违章作业，出现紧急状况时有些作业人员盲目施救。

7.3.3　事故启示

预防有限空间事故，主要做好以下几方面工作：

（1）作业单位配置相关的防护设备，所有作业人员掌握防护用品的使用方法。

（2）做好三级安全教育培训。尤其是对新员工进行有限空间安全生产教育培训，经考试合格后，方可上岗操作。培训的内容应包括有限空间作业危险特性、有限空间个体防护用品的使用和维护、有限空间安全生产管理、有限空间安全事故的应急救援和现场急救。北京市已将地下有限空间监护人员纳入特种作业考核范围。按照《有限空间作业安全技术规范》DB11/T 852—2019 第7.5.1条：存在有限空间的单位应对相关人员每年至少组织1次有限空间作业安全专项培训，并符合以下要求：1）发包单位应对本单位有限空间作业安全管理人员进行培训；2）作业单位应对有限空间作业安全管理人员、作业负责人、监护者、作业者和应急救援人员进行培训。第 7.5.4 条：从事地下有限空间作业的，监护者应按照有关规定，经培训考核合格，持证上岗作业。监护者应持有效的地下有限空间作业特种作业操作证。作业负责人、监护者和作业者应经地下有限空间作业安全生产教育和培训合格。

（3）作业人员要严格按照有限空间作业的相关制度和操作规程进行操作。

（4）定期开展应急演练。全面辨识有限空间作业中可能遇到的危险有害因素、可能发生的紧急情况，编制科学、合理、可行、有效的事故应急救援预案，并保证每年至少演练 1 次。

7.4　第三方破坏事故

7.4.1　事故经过

2022 年 6 月 21 日，某公司在某交叉路口进行交通信号设施拉管钻孔施工，16 时 16 分左右，施工人员在进行拉管作业钻孔过程中，钻头将燃气中压管道钻穿，造成燃气泄漏。16 时 45 分左右，位于泄漏点西侧 40m 处某快餐店发生闪爆，造成 23 人受伤（其中 3 人重度烧伤）。直接经济损失 666.6511 万元。

2022 年 6 月 17 日，某公司在宝坻区北城东路进行宝坻区道路交通管理设施建设项目土石方工程施工。6 月 19 日 10 时左右，泰达某公司巡线员巡线时发现北交叉路口附近有施工单位在进行基础施工，经询问，该施工后期需进行拉管作业，巡线员告知现场施工负责人，施工现场附近有燃气管道，拉管施工作业前需签订《管道保护协议》，并告知燃气企业，后双方互留联系方式。6 月 21 日 9 时左右，施工单位通知巡线员施工现场要进行拉管作业。巡线员到现场后给施工现场负责人下达了《天然气管道第三方施工告知书》，并按燃气管线标识指导施工单位挖寻燃气管线位置，至中午仍未找到燃气管线确切位置。14 时许，巡线员到施工现场继续指导施工人员挖寻燃气管道位置。15 时左右，某公司在未能确定燃气管道具体位置的情况下，自北城东路与吴苏路口西侧 37m 处，距北城东路南侧路肩 0.5m 的位置作为钻入点，向北城东路与吴苏路交口方向进行钻孔作业，巡线员未进行阻止。16 时 16 分左右，某公司现场作业人员将南北向的天然气管道钻穿，造成燃气泄漏。巡线员立即向泰达某公司进行电话报告，16 时 36 分许泰达某公司抢险人员到达现场后立即关闭了管道阀门。其间，泄漏的天然气沿钻杆四周窜入至污水管道，经污水管道溢散至某快餐店。16 时 45 分左右，快餐店内发生闪爆。

7.4.2　事故原因及分析

该起事故的直接原因为施工单位在未探明燃气管线位置的情况下进行钻孔施工，拉管机钻穿地下污水管道后，又将天然气管道钻穿，造成燃气泄漏，泄漏的燃气沿钻杆蹿入污水管道，经某快餐店下水管进入店内，形成爆炸性混合气体，遇店内冰箱温控器启动的电火花发生闪爆。

在此次事故中巡线员有不可推卸的责任，其未有效劝阻和制止施工单位落实燃气管道保护措施并向政府相关部门报告，另外也暴露其对管线位置不熟悉，没有及时准确指出燃气管道确切位置，施工单位急于开工导致事故。

7.4.3　事故启示

从近几年的事故统计数据上看，第三方破坏造成的事故是其他原因管网事故的 4 倍以上，是造成管网事故的最主要原因。近几年，随着我国城市建设步伐不断加快，施工量剧增，第三方施工破坏燃气管道数量的增加成为燃气企业面临的共性问题。据统计，我国大中型城市平均每年发生第三方施工致燃气管道泄漏的事故上百起，平均每 3 天发生 1 起，严重影响了人们的正常生活，造成了严重的负面影响。第三方破坏严重危及公共安全、对附近的燃气用户造成较大影响、造成公共资源的浪费、造成较大的经济损失。

预防第三方破坏事故，主要做好以下几方面工作：

（1）运维人员清楚管道埋设位置。

（2）运维人员定期对管道进行巡视，及时发现施工迹象，做好施工配合工作。

（3）管道沿线警示标志清晰完整，能够起到提示作用。

（4）利用高科技手段对施工进行全天候监控。

参考文献

[1] 中华人民共和国住房和城乡建设部，中华人民共和国国家质量监督检验检疫总局. 城镇燃气设计规范（2020 年版）：GB 50028—2006 [S]. 北京：中国建筑工业出版社，2020.

[2] 中国城市燃气协会信息工作委员会，中国土木工程学会燃气分会信息化专业学组. 中国城镇燃气企业信息化指引（2022）[R]. 北京：中国城市燃气协会信息工作委员会，中国土木工程学会燃气分会信息化专业学组，2022.

[3] 中华人民共和国住房和城乡建设部，国家市场监督管理总局. 燃气工程项目规范：GB 55009—2021 [S]. 北京：中国建筑工业出版社，2021.

[4] 中华人民共和国住房和城乡建设部. 城镇燃气设施运行、维护和抢修安全技术规程：CJJ 51—2016 [S]. 北京：中国建筑工业出版社，2016.

[5] 中华人民共和国国家质量监督检验检疫总局，中国国家标准化管理委员会. 天然气标准参比条件：GB/T 19205—2008 [S]. 北京：中国标准出版社，2009.

[6] 中国计量测试学会. 燃气涡轮流量计维护和维修技术规范：T/CSMT YB004—2023 [S]. 北京：中国标准出版社，2023.

[7] 中国计量测试学会. 燃气腰轮流量计维护和维修技术规范：T/CSMT YB005—2023 [S]. 北京：中国标准出版社，2023.